U0170162

建筑工程检测评定及监测预测关键技术系列丛书

建筑工程监测与预测技术

路彦兴　刘云涛　强万明　褚少辉　◎编著

中国建材工业出版社

图书在版编目（CIP）数据

建筑工程监测与预测技术／路彦兴等编著．—北京：
中国建材工业出版社，2020.5
（建筑工程检测评定及监测预测关键技术系列丛书）
ISBN 978 - 7 - 5160 - 2855 - 1

Ⅰ．①建… Ⅱ．①路… Ⅲ．①建筑工程 - 监测②建筑
工程 - 预测技术 Ⅳ．①TU

中国版本图书馆 CIP 数据核字（2020）第 040027 号

内 容 简 介

本书对建筑工程的监测技术、预测技术、信号处理技术及监测系统等进行了全面论述，其主要内容包括建筑工程监测方案、监测方法、监测参数、监测部位、监测周期等的技术要求，讲述了基于灰色系统理论、神经网络、混沌时间序列的预测基本方法，并对预测的数据处理技术进行了总结。同时，本书对监测实施过程中传感器的选型、数据传输的方法及建（构）筑物自动监测系统平台的功能进行了详细介绍。最后，书中以具体工程为例，全面介绍了建筑工程监测的具体实施流程，有助于读者对工程监测进行全面深入的了解。全书内容丰富、逻辑清晰、系统性强，方便读者参考学习。

本书适合从事工程监测的专业人员使用，也可作为专业技术人员的培训教材，还可作为高等院校相关师生的科研与教学参考用书。

建筑工程监测与预测技术
Jianzhu Gongcheng Jiance yu Yuce Jishu
路彦兴 刘云涛 强万明 褚少辉 编著

出版发行：中国建材工业出版社
地　　址：北京市海淀区三里河路 1 号
邮　　编：100044
经　　销：全国各地新华书店
印　　刷：北京雁林吉兆印刷有限公司
开　　本：710mm×1000mm　1/16
印　　张：12.25
字　　数：210 千字
版　　次：2020 年 5 月第 1 版
印　　次：2020 年 5 月第 1 次
定　　价：**68.00 元**

本社网址：**www. jccbs. com**，微信公众号：**zgjcgycbs**
请选用正版图书，采购、销售盗版图书属违法行为
版权专有，盗版必究。 本社法律顾问：北京天驰君泰律师事务所，张杰律师
举报信箱：zhangjie@tiantailaw.com　　举报电话：(010)68343948
本书如有印装质量问题，由我社市场营销部负责调换，联系电话：(010)88386906

前　言

随着国民经济的发展，各类工程建设项目规模日益扩大，大跨建筑、超高层建筑、大跨桥梁等一些大型工程日益增多。大型结构在施工过程中对结构的内力和变形影响大且成型后结构的实际受力不明确，对其结构进行施工过程监测和竣工后工程的安全运行监测是国内外学术界和工程界十分关注的热点问题。

近年来，人们对建筑物变形观测的重要性已有了深刻的认识，在产生变形的相关地区布设了变形点并进行了相应的观测，积累了大量的观测数据。通过正确地分析与处理变形观测数据，对其做出正确的几何分析和物理解释，对于工程安全极其重要。监测数据是基础，合理分析是手段，正确预测是目的。

通过对建筑物的安全参数进行监测，科学地分析建筑物各效应量及其影响量之间的关系，即可及时掌握其运行状态及演变趋势，发现危及安全的异常因素，在事故发生之前采取对策。这已成为保证建筑物的安全运行，充分发挥其经济效益和社会效益，做好建筑工程防灾减灾工作的一个重要方面。

本书从工程实践出发，主要介绍了结构监测的基本概念、结构系统的组成、结构监测的目的、结构监测的发展及研究现状；在工程实践中，针对不同形式的结构介绍了监测参数的选择方法，并介绍了工程安全预测的基本方法及预测的数据处理技术；同时对监测采集系统，传感器、传感元件的数据传输及监测信号处理技术，包括时域信号分析方法、频域信号分析方法、时频域信号分析方法、模式识别及人工神经网络等进行了详细介绍；为便于对监测数据的采集和整理，还介绍了监测信息平台的硬件系统及软件系统，并以公司监测平台为实例加以说明；本书最后具体介绍了高层建筑、砌体结构、危房及钢结构的监测方案的实施方法。

本书主要由路彦兴、刘云涛、强万明、褚少辉撰写，参加撰写的人员还包括张英义、尹玉晓、王丽颖、苏丽芬、赵雷、李栋、张泽亚、牛建令等。鉴于作者的水平及经验有限，书中不当之处在所难免，敬请读者批评指正。

编著者

2020 年 2 月

目　录

第1章 概　　述

1.1　结构监测的基本概念

1.1.1　结构监测的定义

近年来，随着计算机软硬件技术、传感技术、数据传输技术、信号分析技术以及相关的力学理论和有限元分析等技术的迅速发展，在结构服役周期内对其健康状况进行不间断监测以保证结构的安全已成为可能。虽然迄今为止，结构健康监测（Structural Health Monitoring，SHM）尚无标准定义，但一般来说，结构健康监测是指利用现场的无损传感技术，通过包括结构响应在内的结构系统特性分析，达到识别结构损伤或退化的目的。此处所说的损伤包括材料特性改变或结构体系的几何特性改变以及边界条件和体系的连续性的改变。而保证体系的整体连续性对结构的服役能力有至关重要的作用。

一般来说，结构健康监测包括两方面内容：一是通过硬件采集数据，即通过定期采集结构布置的传感器列阵的响应数据并做分析；二是软件分析，即观察体系随时间推移产生的变化，做损伤敏感特征值的提取并通过数据信息处理来确定结构目前的健康状态，对于结构健康的长期监测，通过数据定期更新来评估在老化和恶劣服役环境下，工程结构是否有能力继续实现设计功能。

1.1.2　结构损伤的定义

结构监测的对象是结构。结构损伤与结构健康是对立的概念，在对结构进行监测之前需要先讨论损伤的定义和基本特征，以便区分结构的损伤状态与健康状态。在土木工程中，健康是指结构或者系统能够实现其预期功能的一种状态。依据损伤力学关于从热力学中能量耗散过程不可逆的理论出发提出的一般损伤定义是"由于细观结构的缺陷（如微裂纹、微孔洞）引起的材料或结构的劣化过程，称为损伤"，而土木工程界对于结构损伤的普遍定义则是"结构在服役期内承载能力的下降"。前者是从材料微观层面出发揭示了损伤的本质，后者是从结构宏观层面出发指出了损伤的后果。综合两种定义，对于结构损伤的定义是"结构内力较大处由于材料特性劣化导致结构的某种响应超出正常值"。该定义有两个重点：①一般情况下，结构内力较大部位应作为结构健康监测的重点部位，一定荷载下结构各个部分产生的内力总是大小不一的，当各部位采用的材料基本一致时，内力较大的部位承担的结构安全责任较大，该部位的材料特性劣化对于结构安全的影响也较大，而结构内力较小部位发生的材料劣化不仅对于结构安全性的影响比较小，相应的结构响应也较小，难以准确测量；②承载能力本身不能测量，但损伤后果的表现形式一般是可测量的，承载能力的下降一般会表现为结构某些特征响应发生变化，因此可以通过可测量结构响应来评估损伤。

根据上述定义，结构损伤具有以下 3 个特征：

（1）结构层面的外在表现性：结构损伤必定会造成某种结构响应发生变化且这种响应可被观察和测量，如果材料劣化并未导致结构响应变化或者这种变化很细微而现有测试技术无法捕捉，在结构层面上可认为无损伤。

（2）局部性：通常整个结构发生损伤的区域是局部的，在所有应力较大的部位中发生损伤的区域也是局部的。

（3）分布不均匀性：通常由于某种原因，某处出现结构损伤的概率总是大于其他部位，如混凝土开裂多发生在受拉应变较大处，混凝土中钢筋腐蚀通常发生在钝化膜破坏处。

1.2　结构监测的目的

作为一门新兴交叉学科，土木工程结构健康监测技术涉及建筑、结构、计算机、通信、信息、传感器、材料等众多学科。结构健康监测技术的发展和广泛应用，对于我国规模庞大的基础设施的安全维护而言，具有重大的经济价值和社会效益。监测的主要目的和意义如下：

（1）实现实时或准实时的损伤检测，对结构出现的损伤进行定性、定位和定量分析，实现防患于未然；

（2）对检测出来的损伤进行原因分析，提出维修建议；

（3）对新建的结构在完工后使用前进行安全验证测试；

（4）在结构突发事件之后对其进行剩余寿命评估；

（5）通过对数据的分析和理论总结可以提高设计人员对于大型复杂结构的认识，为以后的设计和建造提供依据。

1.3　结构监测系统的组成

监测系统利用各类传感器对结构的特征信息进行采集，然后用事先设计好的算法对采集数据进行处理，来预测结构的各种响应以及限定一些不利于结构正常运行的响应，从而形成一套适合结构安全运行和评定的结构监测系统。结构健康监测系统是集结构监测、系统辨识和结构评估于一体的综合监测系统。Housner 等人将结构健康监测系统定义为：一种从营运状态的结构中获取并处理数据，评估结构的主要性能指标（如可靠度、耐久性等）的有效方法。

结构健康监测系统主要由 4 个子系统组成：①传感器系统；②信息采集与处理系统；③信息通信与传输系统；④信息分析与监控系统。

（1）传感器系统。它主要通过传感器将待测的物理量转变为可以直接识别的电/光/磁信号。该系统主要包括加速度计、风速风向仪、位移计、温度计、应变计、信号放大处理器及连接介质等。

（2）信息采集与处理系统。它包括信号采集器及相应的数据存储设备等。该系统安装于待测结构中，用于采集传感系统的数据并进行初步处理。

（3）信息通信与传输系统。其作用是将采集并处理过的数据传输到监控中心。该系统包括网络操作系统平台、安全监测局域网和互联网等。

（4）信息分析与监控系统。它主要由高性能计算机分析软件组成。该系统将采集并处理过的数据传输到子系统，利用具备损伤诊断功能的软硬件分析接收到的数据，判断损伤的发生、位置和程度，对结构健康状况做出评估，如发现异常，自动发出报警信息。

一个结构健康监测系统的优劣主要由以下 3 个因素决定：①监测指标对于结构损伤的灵敏性，以及现有传感器在实际环境中对该指标的测量精度；②测点的空间分布，即传感器的最优布置，以及数据传输和采集设备的性能；③数据的可辨识性与系统鲁棒性，即是否容易在测试数据中寻找异常，以及系统在各种风险的存活能力与正常工作能力。

1.4　结构监测的发展及研究现状

传统的土木工程结构健康状况评估是通过人工目测检查或借助于便携式仪器测量得到信息并分析得出结论的。它的缺点是人工目测检查在实际应用中有很大的局限性，美国联邦公路委员会的调查表明，由人工目测检查做出的评估结果有56%是不恰当的。传统检测方法的不足之处主要表现在：①需要大量人力、物力和财力，而且还存在诸多检测盲点；②主观性强，难以量化；③缺乏整体性；④影响正常交通运行；⑤周期长，实时性差。因此，为把握土木工程结构在运营期间的承载能力、运营状态，保证大型结构的安全性、适用性和耐久性，需要建立结构健康监测系统，以加强对结构的健康状况监测和评估。

结构健康监测源于航空航天领域，最初的目的主要是进行结构的荷载监测。随着结构的日益大型化、复杂化和智能化，结构健康监测的内容逐渐丰富起来，不再是单纯的荷载监测，而是向着结构损伤检测、损伤定位和结构寿命预测等方向发展。

在大跨度桥梁监测方面，从 20 世纪 80 年代中期在各种规模的桥梁上开始设计与安装结构健康监测系统。英国在总长 552m 的 Foine 桥上布设各种传感器，监测大桥在车辆与风载作用下主梁的振动挠度和应变等响应，该系统是世界桥梁结构上最早安装的较为完整的健康监测系统之一。上海徐浦大桥结构状态监测系统包括测量车辆荷载、温度、挠度、应变、主梁振动和斜拉索振动 6 个子系统。虎门大桥和江阴长江大桥都在施工阶段开始安装各种传感设备以备将来运营期间进行健康状态监测。我国香港青马大桥健康监测系统永久性地安装了 300 多个各种类型传感器用于监测桥梁的健康状态及使用状况。香港在汲水门斜拉桥上安装了由 270 多个各种类型的传感器和数据采集与处理设备组成的监测系统来监测桥梁的运营状况及健康状态，对该系统所采集到的数据进行分析即可评价大桥的动力特性。许多国家和地区都在一些已建和在建的桥梁上进行健康监测系统的安装，如美国主跨 440m 的 Sunshine Skyvay Bricle 斜拉桥、英国的 Flintshire 独塔斜拉桥、加拿大的 Con – federation Bride 以及中国香港的汀九斜拉大桥。实时健康监测系统的成功开发应用为保障桥梁的安全运营，发现桥梁早期安全隐患提供了硬件支持和技术依据，同时可以大大节约桥梁的维修费用，可避免频繁大修、关闭交通所引起的重大损失。

我国于 20 世纪 90 年代中后期开始研究并安装大跨度桥梁健康监测系统，虽然开展时间并不太长，但目前已经处于国际先进水平。众所周知，桥梁结构需要进行施工监控和成桥试验，将施工监控和成桥试验的临时传感器用于桥梁结构建成一段时间内的短期监测系统是我国许多大型桥梁常采用的方法。如主跨为880m 的广东虎门大桥和主跨为 590m 的上海徐浦大桥都利用施工监控和成桥试验安装的传感器进行了运行期间短期的监测。

欧进萍及其课题组于2001年在两座钢筋混凝土桥上安装了光纤光栅应变和温度传感器以监测其施工阶段和服役期间桥梁结构的受力性能。他们还开发了山东滨州黄河公路大桥智能健康监测系统，可以通过互联网访问该桥的数据库，也可通过网络操作和控制该系统。

李爱群等开发了一套用于润扬长江大桥的健康监测系统，该系统由传感器子系统、数据采集子系统、数据通信与传输子系统、数据处理与管理子系统、结构损伤预警子系统、结构损伤评估子系统和结构安全评定子系统等7个子系统组成。该系统主要对南汊悬索桥的主缆、吊索、北汊斜拉桥的斜拉索、主梁和索塔的几何形状静动力响应、大桥所处的自然环境和交通荷载状况等进行实时在线监测。其主要监测项目包括：①缆索：斜拉桥拉索索力监测、斜拉索的振动监测；悬索桥主缆内力监测、振动监测、吊索内力监测、振动监测。②主梁：主梁线性监测、应力监测、振动监测和温度监测。③索塔：索塔位移与沉降、索塔的振动监测和索塔的温度监测。④特殊结构部位：悬索桥中央扣连接处的应力监测。⑤交通荷载监测：各个车道车辆荷载和车流量的监测。⑥环境状态的监测：风的监测（风速风向）、地面运动的监测和水流冲刷监测等。

芜湖长江大桥也安装了长期健康监测系统，实现了对表征大桥健康及行车安全状况的多种物理量的长期在线监测。湛江海湾大桥的健康监测系统是目前国内第一座在设计阶段就考虑健康监测系统的大桥。该系统从动力和静力两方面对桥梁结构进行监测，实现数据采集、分析处理以及对当前桥梁结构的异常行为实施自诊断、安全性评估和多级预警，并为交通监控系统提供相关信息、用于实施交通控制。苏通大桥结构健康监测系统包括了超声风速仪、车速车轴仪、全球定位系统和加速度传感器等16类传感器，具体包括了788个各类传感器所构成的上部结构固定式传感器系统、由16个高精度加速度传感器构成的便携式传感器系统及包含636个传感器的基础监测传感器系统。苏通大桥结构健康监测系统中传感器总数达1440个。

在超高层建筑与空间结构监测方面，健康监测系统起初主要安装在桥梁结构上，桥梁监测理论是基于欧拉梁假定（主要考虑夸曲变形的影响）提出的。随着科技的发展和人们对于超高层建筑与大型空间结构安全性的关注，这些结构也安装了健康监测系统。但是由于这些结构体系具有与桥梁不同的受力特点，如超高层建筑中一般采用筒中筒、框筒、框剪结构，因此在侧向荷载作用下，还需要考虑剪切变形的影响。

直至20世纪80年代初，国外开始对高层建筑做长期在线监测。Celeb等对美国旧金山的一栋 24 层钢框架结构进行了长期地震监测。该钢框架结构高 86.6m，平面尺寸为 21.3m×27.4m。采用的监测系统准确地获得了结构在环境激励下的加速度和侧移，为结构的安全评估、维护以及抗震性能研究提供了有效的资料。2002 年年初，在加利福尼亚理工学院米利肯图书馆大楼内建立了一个真正的实时监测系统。该实时监测系统共有 36 个点，安装了力平衡加速度计、24 位模数转换仪，采样率为 100 点/s。当地震发生时，大量的数字信号通过 TCP/IP 协议传输到局域网，这些数据被发送到异地的服务器上，并公布于互联网上。

在国内，瞿伟廉等在深圳市民大厦的屋顶部分安装了一套健康监测系统。该屋顶为长 486m、宽 156m 的网壳结构，其跨中竖向桁架支撑在塔上。该系统由传感器子系统和结构分析子系统组成，其中传感器子系统测量屋顶部分的风压和响应，结构分析子系统分析计算结构的响应并进行安全评定。传感器子系统包括光纤传感器、应变片、风速仪、风压计和加速度传感器等部件。结构分析子系统在监测得到的结构响应基础上，可以进行屋顶结构的损伤识别模型修正和安全评定。所有监测的信号均存储在数据库中，数据库通过局域网和互联网实现远程传输。在上海金茂大厦的建设过程中，陆濂泉、张文龙等对其做了工程测量监测和主楼结构测试。金茂大厦的监测工作从 1995 年 9 月开始至 1998 年 5 月底结束。工程测量监测工作包括主楼与裙房箱基底板的垂直位移观测、主楼楼层平整度与楼层标高测量、主楼核心筒与复合巨型柱垂直度测量等。主楼结构测试包括核心筒混凝土变形观测、复合巨型柱混凝土变形观测、复合巨型柱内钢柱应变观测和钢巨型柱应变观测、钢巨型柱转换柱应变观测等。最后，施工过程的监测所提供的成果有效地满足了工程与设计的需求。

最近，中国地震局（CEA）将复杂的 SHM 设备引入中国的 6 个大型建筑，其中包括国家体育场和国家游泳中心。CGM 工程公司在 CEA 招标中被选中，他们使用先进的计算、传感器和通信技术，开发了一套低成本的解决方案，用以实时监测这 6 个大型建筑以及其他一些建筑的结构健康特性。2008 年，钱稼茹等采用 ANSYS 软件对北京大学体育馆钢屋盖施工过程进行模拟分析；监测钢结构构件的应力、索力和结构的位移，监测结果表明屋盖结构是安全的。

广州新电视塔为广州又一标志性建筑，主塔高 454m，总高度 610m。专家对其进行结构运营健康监测。监测的内容有荷载和结构响应监测，主要包括：①风速、风压监测；②环境温度、湿度、雨量气压监测；③地震监测；④长期健康监测；⑤沉降监测；⑥塔身、桅杆倾斜度监测；⑦关键部位的应变、应力监测；

⑧塔体桅杆静位移监测、结构模态、阻尼监测、关键截面加速度响应和腐蚀度检测。安全评定分为构件安全评定和整体安全评定，安全评定的结果通过可视化技术在监控中心的监视器上实时显示，安全评定的结果可存入中心服务器的数据库中。

在水利工程结构监测方面：自1998年以来，光纤传感器及其健康监测系统开始用于三峡地区的一些水利工程结构。蔡德所于1998年应用光强度型光纤传感器研究开发了一套混凝土裂缝监测系统，并且分别应用到了三峡项目的一座临时船闸和古洞口面板堆石坝坝面裂缝的监测。1998年6月16日和7月30日，两次监测结果均显示光纤距光时域反射器71.5m处出现0.2mm长的裂缝，人员到现场检测也证实了这一监测结果。之后，蔡顺德等又用分布式光纤监测三峡工程大块体混凝土的水化热过程，有效地获取了三峡大坝的温度场监测数据。在大坝安全综合评定与决策研究和应用方面，吴中如、顾冲时等开发了建立在"一机四库"（推理机数据库、知识库、方法库和图库）基础上的大坝安全综合评价专家系统，应用模式识别和模糊评判，将定量分析和定性分析结合起来，对大坝安全状态进行在线实时分析和综合评价。该系统已用于丹江口、古田溪三级大坝和龙羊峡大坝等工程的健康监测。

在海洋平台结构监测方面：对海洋平台进行健康监测最主要的任务是发现并确定结构损伤的位置和程度。渤海是我国海洋石油开发的主要区域之一。由于该区域位于重冰区，此区域的海洋平台结构遭受严重的冰激振动。20世纪60年代和70年代，该区域曾有两座海洋平台在海冰作用下发生倒塌，自80年代以来，中国海洋石油总公司在平台结构上安装了一些监测设备，以监测冰荷载、冰压力和海洋平台结构的冰激振动响应。结合上述监测设备和监测数据，欧进萍等于2001年研究开发了渤海JZ20-2MuQ钢质导管架式海洋平台结构在线健康监测系统。该系统包括环境和结构响应监测子系统、安全评定子系统和数据库子系统。

在国家"863"计划资助下，欧进萍及其课题组为渤海CB32A导管架式海洋平台建立了一套健康监测系统。该健康监测系统包括259个光纤光栅传感器、178个PVDF传感器、56个疲劳寿命传感器、16个加速度传感器和环境监测子系统及27000m信号传输线。

关于海洋平台健康监测的应用研究，到目前为止主要有固有频率法、模态法、频率响应函数法及神经网络法等方法。

第 2 章　结构监测技术

2.1　监测方法分类

2.1.1　基于振动的监测技术

1. 基本原理

基于振动理论的结构监测技术，是通过某种激励，使结构产生一定的振动响应，继而通过测振仪器直接量测出激励力与系统振动的响应，然后通过数字信号分析得到系统的模态参数，再根据结构模态参数的变化判断有无隐患和损伤。结构中特定部分的质量和刚度损失而引起的模态参数变化，一般都会在模态测量中有所反映。当模态测量值与完好的系统模态值之间出现了差异时，就表示该系统出现了损伤或破损，进而确定损伤的位置及程度。另外，在相同激励条件下，有无损伤的同一结构的振动响应也是不同的，因此具体监测可从以下几方面进行：

（1）将被测结构的实测值与完好结构的模态参数和物理参数的理论解或设计值进行比较，判断被测结构是否有损伤以及损伤位置和大小；

（2）根据被测结构与完好结构的模态参数和物理参数实测值的比较来判断；

（3）根据被测结构健康阶段与目前状态的模态参数和物理参数实测值的比较来判断；

（4）根据激励和响应的关系以及其他综合分析方法来判断。

基于结构振动监测的基本问题就是如何从给定的结构动力特性的测量中确定损伤的出现、位置和程度。通常，结构损伤位置的确定等价于在结构中用一个可测的量来确定结构的刚度和承载能力有所下降的区域。从损伤结构得到的结构动态特性参数，如固有频率和振型均可以和未损伤结构的系统质量矩阵和刚度矩阵相关联，则该方法即是通过比较未损伤结构与损伤结构的振动信息来进行损伤检测的。

对于 N 自由度振动系统：

$$[M]\{\ddot{x}\} + [C]\{\dot{x}\} + [K]\{x\} = f(t) \tag{2-1}$$

式中，矩阵 $[M]$、$[C]$、$[K]$ 分别表示离散的质量、阻尼和刚度分布，$\{\ddot{x}\}$、$\{\dot{x}\}$、$\{x\}$ 分别表示结构的加速度向量、速度向量和位移向量，$f(t)$ 为外部激励。忽略阻尼，则其特征方程为：

$$([K] - \omega_i^2[M])\{\varphi_i\} = \{0\} \tag{2-2}$$

式中，ω_i 是第 i 阶特征值，$\{\varphi_i\}$ 是相应的特征向量。显然，ω_i、$\{\varphi_i\}$ 是 $[M]$ 和 $[K]$ 的函数，即由于结构中特定部分的质量或刚度损失引起的 $[M]$、$[K]$ 的任何变化，都将在自振频率和振型的测量值中有所反映。

基于振动的监测方法起决定作用的是计算模型的建立和振动测试参数的估计，尤其是信息特征量的选择。从逻辑上讲，要进行损伤识别和定位，首先需要解决的是损伤标识量的选择问题，即决定以哪些物理量为依据能够更好地识别和标定损伤的位置和程度。一般认为，用于损伤识别的物理量可以是全局量（如结构的固有频率等），但用于损伤直接定位（不依赖于有限元计算模型）的物理量最好是局域量，并且需满足 4 个基本条件，即①对局部损伤敏感；②是位置坐标的单调函数；③在损伤位置，损伤标识量应出现明显的峰值变化；④在非损伤位置，损伤标识量的变化幅度应小于预先设定的阈值。损伤标识量可以是结构的物理参数（如刚度矩阵、质量矩阵、阻尼矩阵等）或是模态参数（振型、频率等）。

2. 监测方法

基于振动的监测方法按照识别区域可以分为时域法和频域法，从研究和应用的角度可以分为模型修正法和动力指纹分析法。

（1）时域法。时域法是基于状态空间的现代控制理论的重要分支，早期的研究技术需要同时知道系统的输入和输出信号，根据系统的运动方程，通常是用有限元的动力平衡方程，或者系统的状态方程，由系统假设或测量的已知条件推导合适的辨识公式，再运用已经成熟的各种动态系统辨识方法来完成结构系统参数的辨识。由于实际系统的输入数据很难量测到，因此出现了许多只利用输出数据进行结构模态参数识别的方法，如神经网络法。

时域法中，所有动力试验获得的原始数据都是时间域内的，而且许多结构辨识技术所用数据是未经变换的时域数据，采集到的信号不需要变换，也不受任何变换函数的假定条件限制，这是该方法的优点。该方法的缺点是，时域内响应信号在进行变换的过程中，许多信号特征往往被过滤掉或失真，许多有用的信号特征可能被幅值更大、无用的信号所掩盖。

（2）频域法。传统的结构模态分析方法是基于传递函数的频域分析方法，通过频响函数、功率谱和相关分析得到结构的模态频率、振型、阻尼等。目前多数基于振动的损伤检测方法都是利用频域数据来进行结构的损伤检测与诊断。频域法的优点是信号的谱图非常明显并且容易提取；缺点是离散傅里叶变换对信号所作的周期性假设可能导致信号失真。

（3）模型修正法。模型修正法主要是用试验结构的振动响应数据与原先模型的计算结果进行综合比较，利用直接或间接测得的模态参数、加速度记录、频响函数等，通过一定的条件进行优化，不断地修正模型中的刚度分布，从而得到结构刚度变化的信息，实现结构损伤检测与诊断。该方法在划分和处理子结构上具有很大的优越性，但由于测试模态不完备、测试自由度不足以及测量信噪比较高等原因，往往导致解的不唯一。此外，采用参数估计时易产生病态方程，但可用动态边界条件来修正子结构模型，或合理划分子结构及布置最优测点来解决。

（4）动力指纹分析法。动力指纹分析法就是寻找与结构动力特性相关的动力指纹，通过这些指纹的变化来判断结构的真实状况。经常用到的动力指纹有频率、振型、模态应变、功率谱、MAC（模态保证标准）、COMAC（坐标模态保证标准）等。

3. 发展概况

用振动法进行结构的无损检测可追溯到 19 世纪后期，但因为其涉及结构的动力特性、先进的测试技术和数据处理技术，所以振动法真正应用于工程实际中是在现代电子计算机和快速傅里叶变换出现之后。在使用振动法进行结构的无损检测时大多是利用损伤发生前后结构动力特性的变化来检测损伤的存在、位置和程度，所以精确、有效地确定结构的动力特性就成为研究的一个主要方面。早期主要是针对桥梁结构来进行大型结构动力特性的研究。从 20 世纪 90 年代中期开始，不同类型结构的动力特性得到具体深入的研究。到现在，基于振动的无损检测技术在航空航天结构、机械工程结构、离岸工程（海洋工程）结构、桥梁结构方面应用较多，对水工结构也是行之有效的。

2.1.2 基于统计识别监测技术

1. 基本原理

统计识别监测技术是直接利用时程观测响应，考虑环境因素和运行状态的变化，在无结构模型的前提下，通过对观测响应的统计分析提取结构状态/损伤敏感特征来检测结构状态退化或损伤。该技术的数学原理为有相似性的样本在模式空间中互相接近，并形成"集团"，即"物以类聚"。其分析方法是根据模式所测得的特征向量 $X_i = (x_{i1}, x_{i2}, \cdots, x_{id})^{\mathrm{T}} (i = 1, 2, \cdots, N)$，将一个给定的模式归入 C 个类 $\omega_1, \omega_2, \cdots, \omega_d$ 中，然后根据模式之间的距离函数来判别分类。其中，N 为样本点数，d 为样本特征数。

利用统计模式识别方法识别结构状态或损伤，其状态/损伤敏感特征的提取一般来自能够表征结构状态的模式向量，而这些模式向量的生成则来自统计模型（回归模型、自回归模型、外源自回归模型等）对观测数据（特征信号）的统计分析。状态/损伤敏感特征通常是多维向量，多维向量中各参数的重要性往往是不相同的，且各参数也不相互独立，不但会使识别的工作量增大，而且也给识别带来了困难。因此，需要通过数据降维的方法从中挑选出具有代表性的有效成分构成新的低维特征向量进行识别。状态/损伤敏感特征一旦提取，识别结构异常状态的主要任务就是对这些特征进行统计分析，依据某种判别函数或判据进行状态分类。结构状态/损伤敏感特征统计分析的算法主要可以分为两种：监督学习算法和无监督学习算法。前者需要同时获得损伤状态和完好状态的训练数据样本，而后者只需要完好状态的训练数据样本。

2. 识别方法

根据使用统计推断原理的不同，该类识别方法可以归纳为两大类：Bayes 模型修正法和随机有限元模型修正法。

（1）Bayes 模型修正法。Bayes 模型修正法利用了统计推断中著名的 Bayes 原理，将确定性的结构模型嵌入一组可能的概率模型中，使结构模型能够预测模型和观测的不确定性。这种方法由于涉及模型不确定性，而模型不确定性并不是可重复事件，将概率解释为相对发生频率的传统说法在这里不再适用。然而，概率还可以解释为基于非完整信息的不确定性推理的多值逻辑关系。因此，为了定量描述组模型的不确定性，基于给定信息，使用概率分布可以给出每一个模型不确定性的度量。

Bayes 模型修正法的基本思想是结构模型的不确定性由模型参数的概率分布定量描述，根据观测数据可以更新每个可能模型描述的结构初始不确定性，也就是说，根据观测数据给定的信息可以修正不同初始模型的相对不确定性。用 D 表示观测数据，M 表示一组可能的结构模型，M 由 n 个模型参数 $\theta = [\theta_1, \theta_2, \cdots, \theta_n]$ 给定。根据 Bayes 原理，修正的后验概率分布可以由下式给出：

$$p_D(\theta) = p(D|\theta, M) p_0(\theta|M) / p(D|M) = cp(D|\theta, M) p_0(\theta|M) \qquad (2\text{-}3)$$

式中，$p_0(\theta|M)$ 是由模型确定的初始（先验）概率分布，反映在利用观测数据 D

进行模型修正前每个模型的相对不确定性；$p(D|\theta,M)$ 是基于特定模型参数 θ 获得观测数据 D 的概率；$c^{-1} = p(D|M) = \int P(D|\theta,M)P_0(\theta|M)\mathrm{d}\theta$ 是归一化参数。由式（2-3）可知，Bayes 模型修正法与经典统计推断方法的最大不同在于充分利用了有关结构模型和预测响应的先验信息，实质上是通过对结构响应的观测把模型参数的先验概率密度函数 $p_0(\theta|M)$ 转化为模型参数的后验概率密度函数 $p_D(\theta)$。

同时利用式（2-3）给定的后验概率密度函数 p_D 和观测数据 D 提供的信息，可以得到较好的结构响应预测。例如，如果 $h(\theta)$ 是所选择的结构响应，根据全概率定理，度量系统预测性能的代价函数就可以表示如下：

$$p_D = \int h(\theta)P_D(\theta)\mathrm{d}\theta \qquad\qquad (2\text{-}4)$$

能够对结构观测响应做出最好预测的模型参数应该使代价函数在模型参数空间内通过求解达到最小，也就相当于使式（2-4）右端项的多维积分在某种意义下取极小值，进而通过求解约束优化问题获得修正后的最优结构模型。然后，将修正后的当前结构模型参数概率分布与基线结构模型参数概率分布相比较，按照某种决策规则在统计意义下给出当前结构单元刚度发生退化的概率，进而确定结构损伤发生的位置和程度。

（2）随机有限元模型修正法。确定性结构有限元模型修正的基本方程可以写成

$$S\Delta a = e \qquad\qquad (2\text{-}5)$$

式中，e 是结构观测响应的变化向量即损伤前后对应观测自由度的观测响应之差；Δa 是结构刚度的变化向量，它既可以是刚度的绝对变化量，也可以是刚度的相对变化量（如刚度降低的比例系数）；S 是结构观测响应相对于待修正模型参数的灵敏度矩阵。

3. 识别流程

基于统计识别检测技术的识别流程如图 2-1 所示。从图可以看出，统计模式识别有几个重要环节：预处理、特征提取、特征选择和分类判别。

预处理主要是提取带有所关心问题信息的样本，并通过去均值和规范化处理实现样本的重构；特征提取是将可能反映研究问题的每一因素作为一项特征，测量和计算这些特征的数据；特征选择是对提取的特征进行选择，保留起主要作用的特征用于识别，或者采用线性和非线性方法得到 n' 个新特征（$n' < n$）以降低特征空间的维数；分类识别是采用各种分类判别方法或聚类方法，根据 n 个

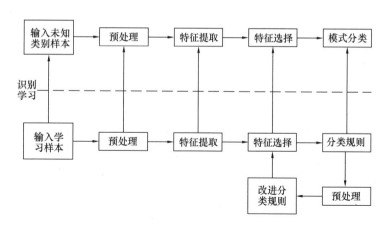

图 2-1　基于统计识别检测技术的识别流程

（或 n' 个）特征对样本进行研究，找出 n 维（n' 维）向量空间中合适的界限，将样本分开。

特征提取针对动力响应的结构异常识别问题，是从测得的振动信号中提取敏感特征参数的过程，这种敏感特征参数能够有效地区别结构是否出现异常。

特征选择是对提取出的特征进行评价，选出对于分类最有效的特征，淘汰无效的特征。一类方法是通过原有各个特征进行选择和淘汰，如 K-W 检验、直方图方法等；另一类方法是利用各个特征去构造新的特征（也称降维映射方法），如主成分分析和对应分析等。

分类判别指通过几何分类和概率分类的方法确定判别界，以两类问题为例，样本空间被明确地分成两个不同的区域，待识别的样本落在样本空间的哪个区域就认为其属于相应的那个类别。按照样本的分类是否事先已知，可以将分类识别分成两类：监督学习和无监督学习。

4. 发展概况

将系统或模式识别问题当作统计推断问题处理的思想由来已久，Collins 于 1974 年就发表了有关统计系统识别的论文，首次利用模态参数建立了基于 Bayes 原理的统计模型修正方法。此后，随着结构健康诊断问题研究的不断深入，尤其是进入 20 世纪 90 年代以后，有关结构健康诊断统计识别方法的研究吸引了世界上越来越多科学家的关注，在理论研究和实际应用中都取得了一定的成果。

2.1.3 光纤传感监测技术

1. 光纤基本知识

1）基本结构

光纤是光导纤维的简称，是一种多层介质结构的对称圆柱体光学纤维。光纤一般由纤芯、包层、涂敷层与护套组成。纤芯和包层为光纤结构的主体，对光波的传播起着决定性作用。涂敷层与护套则主要用于隔离杂光，提高光纤强度，保护光纤。在特殊应用场合不加涂敷层与护套，为裸体光纤，简称裸纤。

光纤的结构特征一般用其光学折射率沿光纤径向的分布函数 $n(r)$ 来描述（r 为光纤径向间距）。对于单包层光纤，根据纤芯折射率的径向分布情况可分为阶跃光纤和梯度光纤（或渐变折射率光纤）两类。阶跃光纤的特点是纤芯折射率和包层折射率均为常数，梯度光纤的纤芯折射率沿径向呈非线性递减，故也称渐变折射率光纤。在纤轴处折射率最大；在纤壁处折射率最小。对于多包层光纤，常给出各内层的厚度和折射率，外层仅仅提供一个界面，在理论分析时将其厚度视为无限大。

2）光波在光纤中的传播

根据麦克斯韦电磁场理论，光是一种电磁波，光纤是一种具有特定边界条件的光波导。在光纤中传播的光波遵从麦克斯韦方程组，由此可导出描述光波传输特性的波导场方程为

$$\nabla^2 \Psi + \chi^2 \Psi = 0 \qquad (2\text{-}6)$$

式中，Ψ 为光波的电场矢量 E 和磁场矢量 H 的各分量，在直角坐标系中可写成

$$\Psi = \begin{bmatrix} E(x,y) \\ H(x,y) \end{bmatrix} \qquad (2\text{-}7)$$

χ 为光波的横向传播常数，即波矢 k 的横向分量，定义为

$$\chi = \left(\varepsilon\mu\omega^2 - \beta^2 \right)^{\frac{1}{2}} = \left(n^2 k_0^2 - \beta^2 \right)^{\frac{1}{2}} \qquad (2\text{-}8)$$

式中，ω 为光波的圆频率；ε、μ 分别为光介质的介电常数和磁导率；$k_0 = 2\pi/\lambda_0$ 为光波在真空中的波数；β 为纵向传播常数，通常简称传播常数，即波矢 k 的纵向分量，定义为

$$\beta = nk_0\cos\theta_z \qquad (2\text{-}9)$$

式中，θ_z 为波矢 k 与 z 轴的夹角。

根据光纤的折射率分布规律和给定的边界条件即可求出 E 和 H 的全部分量表达式，确定光波的场分布。

理论推导结果说明，光波场方程有许多分立的解，每一个特解代表一个能在光纤波导中独立传播的电磁场分布。光波在光纤中的传播是所有模式线性叠加的结果。

（1）损耗。光波在光纤中传输时，由于光纤材料对光波的吸收、散射、光纤结构的缺陷、弯曲及光纤间的不完善耦合等原因，导致光功率随传输距离呈指数规律衰减，这种现象称为光纤的传输损耗，简称损耗。

光纤的损耗除了吸收损耗、散射损耗、弯曲损耗、结构缺陷损耗等外，光纤的涂敷层也可能使光纤产生传输损耗。

（2）色散。光纤的色散是指光脉冲在光纤中传输时，由于光的群速度不同而产生的脉冲展宽现象。根据群速度产生差异的原因，一般将光纤的色散分为材料色散、模式色散和波导色散三类。对于单模光纤，不存在模式色散。但由于它存在两个互相垂直的线偏模，还存在偏振色散。因此，光脉冲的展宽可用光在光纤中传播的延时差来表征。由于光脉冲的展宽，限制了光纤传输光信号的频带宽。

3）光纤的偏振与双折射

（1）单模光纤的理想偏振特性与双折射效应。单模光纤仅传播 HE_{11} 一种模式。在理想情况下，HE_{11} 模为垂直于光纤轴线的线偏光。实际上这种线偏光是二重简并的，可以分解为彼此独立、互不影响的两个正交偏振分量 HE_{11}^x 模和 HE_{11}^y 模，它们的传播常数相等，即 $\beta_x = \beta_y$，在传播过程中始终保持相位相同，简并后线偏方向不变。如果在光纤的入射端面只沿 x 轴方向激励 HE_{11}^x 模，则光纤中不会出现 HE_{11}^y 模，反之亦然。如果在 x、y 轴之间的任意方向激励，则光纤中始终存在 HE_{11}^x 模和 HE_{11}^y 模，且其幅值比沿光纤保持不变，简并后的 HE 模线偏方向不变。

实际上，上述理想条件是很难达到的。实际的光纤总含有一些非对称因素，使两个本来简并的模式 HE_{11}^x 和 HE_{11}^y 的传播常数出现差异，即 $\beta_x - \beta_y \neq 0$。线偏态沿光纤不再保持不变而发生连续变化，这种现象称为光纤的双折射效应。双折射效应可用归一化双折射系数 B 或拍长 Λ 来表示。

单模光纤产生双折射的原因很复杂，但不外乎两方面：一种是光纤内部固有的，如由于制造工艺欠完善等原因造成光纤截面产生椭圆度、材料分布不均匀等导致光纤介质光学各向异性；另一种是在光纤使用过程中外部施加的。单模光纤的双折射效应是光纤的一个重要特性，在使用中经常要加以抑制或利用。

（2）低双折射单模光纤。归一化双折射系数 B 降低到 10^{-7} 量级以下，相应的拍长 Λ 达到 100m 以上的单模光纤，称为低双折射率光纤。目前，常见的低双折射率光纤有理想圆对称光纤和自旋光纤两种。

（3）保偏光纤。保偏光纤为保持偏振态光纤的简称，又称高双折射光纤。

与上述低双折射光纤相反，要求保持光纤的双折射尽可能高，使 B 值达到 $10^{-4} \sim 10^{-3}$ 量级，相当于光纤拍长 $\varLambda$ 在毫米量级。由于光纤的刚度足以抵御外界毫米量级的微弯、扭曲等干扰，两个正交模态的传输损耗都很小，且衰减率几乎相等，因此当向两个模态射入等量的光时，总偏振态沿着光纤轴向按"线偏振—圆偏振—线偏振"的规律周期变化：而当只向其中一个模态射入光时，光在整个光纤中的线偏振态保持不变。

（4）纯单模光纤。前面谈到的单模光纤实际上都存在着两个彼此独立的正交模态，为双模态工作。如果在制造光纤时，有意地使单模光纤的两个模态具有不同的衰减率，即一个为高损耗模态，另一个为低损耗模态，两者的消光比达到 50dB 以上，则其中的高损耗模态实际上已经截止，光纤中只剩下一个偏振模在传输了，这种光纤才是真正纯粹的单模光纤。纯单模光纤的一个重要特征是输入任何偏振态的光都只有线偏光输出，因此也称起偏光纤。

理论分析和试验证实，如果使光纤的折射率分布呈 W 形，则可实现单模光纤的两个偏振模具有不同的截止频率。制造纯单模光纤的一种工艺方法是钻孔法，纤芯材料为掺 F 和 GeO_2 的石英玻璃，包层材料为掺 F 的石英玻璃，将圆形隧道孔洞开在石英套管层内。这种圆形隧道光纤的拍长为零，是一种真正的单模光纤。

2. 光纤传感基本原理

光纤传感包含对外界信号（被测量）的感知和传输两种功能。所谓感知（或敏感），是指外界信号按照规律使光纤中传输的光波的物理特征参量发生变化，测量光参量的变化即"感知"外界信号的变化。这种"感知"实质上是外界信号对光纤中传播的光波实施调制。所谓传输，是指光纤将受外界信号调制的光波传输到光探测器进行检测，将外界信号从光波中提取出来并按需要进行数据处理，也就是解调。因此，光纤传感技术包括调制与解调两方面的技术，即外界信号（被测量）如何调制光纤光波参量的调制技术（或加载技术）及如何从已被调制的光波中提取外界信号的解调技术（或检测技术）。

外界信号对传感光纤中光波参量进行调制的部位称为调制区。根据调制区与光纤的关系，可将调制分为两大类。一类为功能型调制，调制区位于光纤内，外界信号通过直接改变光纤的某些传输特征参量对光波实施调制。这类光纤传感器称为功能型（Functional Fiber，FF）或本征型光纤传感器，也称内调制型传感器，光纤具有"传"和"感"两种功能。与光源耦合的发射光纤同与光探测器耦合的接收光纤为一根连续光纤，称为传感光纤，故功能型光纤传感器也称全光纤型或传感型光纤传感器。另一类为非功能型调制，调制区在光纤之外。外界信号通过外加调制装置对进入光纤中的光波实施调制，这类光纤传感器称为非功能型（Non Functional Fiber，简称 NFF 型）或非本征型光纤传感器，发射光纤与接收光纤仅起传输光波的作用，称为传光光纤，不具有连续性，故非功能型光纤传感器也称传光型光纤传感器或外调制型光纤传感器。

根据被外界信号调制光波的物理特征参量的变化情况，可将光波的调制分为光强度调制、光频率调制、光波长调制、光相位调制和偏振调制五种类型。由于现有的任何一种光探测器都只能响应光的强度，而不能直接响应光的频率、波长、相位和偏振态这四种光波物理参量，因此，光的频率、波长、相位和偏振调制信号都要通过某种转换技术转换成强信号才能被光探测器接收，实现检测。

（1）光强调制型光纤。光强调制是光纤传感技术中相对比较简单，用得最广泛的一种调制方法。其基本原理是利用外界信号的扰动改变光纤中光（宽谱光或特定波长的光）的强度（即调制），再通过测量输出光强的变化（解调）实现对外界信号的测量。

（2）光相位调制型光纤。光相位调制是指外界信号按照一定的规律使光纤中传播的光波相位发生相应的变化，光相位的变化量即反映被测外界量。

（3）光偏振调制型光纤。光偏振调制是指外界信号（被测量）通过一定的方式使光纤中光波的偏振面发生规律性偏转（旋光）或产生双折射，从而导致光的偏振特性变化，通过检测光偏振态的变化即可测出外界信号的变化。

（4）光波长调制型光纤。外界信号通过选频、滤波等方式改变光纤中传输光的波长，测量波长变化即可检测到被测量，这类调制方式称为光波长调制。

（5）光频率调制型光纤。光频率调制是指外界信号对光纤中传输的光波频率进行调制，频率偏移即反映被测量。目前使用较多的调制方法为多普勒法，即外界信号通过多普勒效应对接收光纤中的光波频率实施调制，是一种非功能型调制。

（6）分布式光纤。前述五种调制类型测量对象都是单个被测点。但有一些被测对象往往不是一个点，而是呈一定空间分布的场，如温度场、应力场等，为了获得这一类被测对象的比较完整的信息，需要采用分布调制的光纤传感系统。所谓分布调制，就是指外界信号场以一定的空间分布方式对光纤中的光波进行调制，在一定的测量域中形成调制信号谱带，通过检测（解调）调制信号谱带即可测量出外界信号场的大小及空间分布。

3. 光纤光栅传感器的应用

土木工程中的结构监测已经成为光纤光栅传感器应用的最活跃领域。光纤光栅传感器既可贴在已有结构的表面，也可以在浇筑时埋入结构，从而实现对结构的实时测量，监视结构缺陷的形成和生长。另外，多个光纤光栅传感器可以串接成传感网络对结构进行检测，传感信号可远程接入中心监控室进行分析、处理。

1）建筑结构

（1）结构内部应力、应变的监测。结构内部的应力、应变监测是光纤传感器最主要的应用之一，主要利用微弯强度型和干涉型传感器。前者最大的优点是易于实现光纤阵列，对结构进行分布式检测，而且用光时域反射技术可以方便地对损伤位置进行定位；但是对信号不敏感，必须采用其他辅助手段，如增加变形装置、刻蚀等。

（2）强度的测量。用光纤传感器可以实现混凝土强度的非破坏性测量。

（3）裂缝监测及结构整体性评估。通过监测关键部位埋置的光纤中光强急剧减少或完全不通就可方便地探测出混凝土中裂缝的产生和生长，并通过光时域反射仪（OTDR）或光极域反射仪确定出断裂的位置。同样原理还可确定混凝土中的钢筋、空洞、蜂窝状的存在和位置或者密度的变化。

（4）大体积混凝土固化及养护期的监测。由于刚浇筑的混凝土具有高湿度、强碱性、大水化热、强腐蚀性和收缩量大等特点，绝大多数传感器和仪器都不适合用于做混凝土的收缩应变监测。而光纤传感器能克服这些不利因素，并且利用埋入式光纤传感器和 OTDR 技术测量体积混凝土内部温度的分布，有足够的准确性和精确度。

（5）结构腐蚀监测。在光纤上剥去一段保护层，使纤芯裸露出来，然后将光纤埋入钢筋混凝土中，利用探测器接收到的物体的色谱信息，分析后即可得出所测物体产生的化学变化，就此判断结构的腐蚀情况。

2）桥梁

瑞士温特图力的 Storck′s 桥不仅是世界上第一次使用 CFRP 拉索替代钢索的斜拉桥，也是最早使用光纤光栅传感器的桥梁之一。该桥长 120m，横跨 18 根铁轨。该桥有两根长为 35m 的拉索用 CFRP 材料替代了钢筋，每根 CFRP 拉索由 7 个 FBG 传感器组成的传感阵列进行监测，从而实现了对桥梁的长期监测，并且监测结果与同时使用的箔式电阻应变仪测得的结果十分吻合。瑞士应力分析实验室和美国海军研究实验室在瑞士洛桑附近的 Vaux 箱梁高架桥的建造过程中，使用了 32 个光纤光栅传感器对箱梁受到拉压时的准静态应变进行了监测。目前，将光纤传感器 Bragg 光栅用于土木工程中已成了推动我国光纤传感器产业发展的重要动力。

3）边坡

光纤传感由于能实现空间立体监测和连续性监测，在大型土木工程的安全监测中已得到了越来越多的重视。台湾交通大学 2002 年研发了 FBG、BOTDR 边坡变形监测仪、TDR 边坡滑动监测系统，并用于监测石门水库边坡变形。武汉工业大学与湖北省岩崩滑坡研究所于 1995 年合作研制了光纤位移计、光纤压力计，其性能稳定、线性关系好，在牢固性、抗冲击及振动、防潮、抗电磁干扰等方面优于传统的电磁传感器。南京大学成功地将 BOTDR 分布式光纤应变监测技术应用到了南京市的隧道工程健康诊断和监控中。此外，光纤传感技术还在高陡边坡深部变形监测、堆石坝混凝土面板随机裂缝监测、三峡库区巫山县滑坡地质灾害预警示范站监测中获得应用。

4）基坑

光纤传感器可随钢筋混凝土结构埋入地下，进行实时、动态检测，但光纤传感器在某些地方也略显不足。要实现光纤传感器在基坑工程中的应用，核心的内容就是解决好光纤传感器在基坑结构中埋入（或粘贴）的问题。光纤传感器在结构中不能任意摆放，光纤埋入时，混凝土的捣实、固化等可能会损害光纤传感器，导致埋入光纤传感器的存活率不高。一般可以在光纤传感器外套上金属导管（在混凝土捣实还没有固结以前，将金属导管取出），或外包一条与混凝土膨胀系数较接近的金属导管（荷载通过金属导管传递到光纤传感器上），或将光纤传感器直接埋入小型预制构件中，把小型预制构件作为大型构件的一部分埋入以及采用特殊光纤如熊猫光纤、双折射光纤制作传感器等，同时在基体材料与光纤之间使用性能优良的胶粘剂，以保证变形一致。由于光纤、保护层及基本材料三者之间的弹性模量有差异，因此基体材料的应变不能由光纤的应变直接来表征。

5）隧道

对隧道的监测内容主要包括隧道围岩变形、隧道周边位移、围岩压力及两层支护间压力、支护和衬砌内应力、表面应力及裂缝测量、锚杆或锚索受力等。广州地铁五号线小北站隧道的初期支护中应用光纤布拉格光栅传感技术（FBG）进行了监测。监测过程中使用了 3 种 FBG 传感器，分别是混凝土应变传感器、温度传感器和钢筋应力计式传感器。3 种传感器分别监测了初期支护混凝土的应变、内部温度以及钢拱架的主筋应力。现场测试从 2006 年 4 月 12 日到 2006 年 7 月 5 日共进行了 18 次测试，监测结果为工程的安全施工提供了科学依据。

4. 发展概况

在过去的 20 多年中，光纤传感器发展迅速，在许多领域已取得可喜的成绩和进展，许多光纤传感器已发展成为商品并用于智能材料与结构。但材料和技术本身还有许多问题，如成本较高、生产规模还不够、信号的处理欠缺等。在工程应用中，传感器的增敏、去敏还需进一步完善，准分布传感的分辨率和造价的问题还不能被多数工程所接受；另外，光纤传感器的耐久性问题还没有可靠的保证。光纤传感器还未在实际工程中得到大规模的应用，特别是国内的研究大部分都还处于试验研究阶段，要在土木工程中应用仍有相当长的路要走。然而，只要加强基础研究，抓住重点并选择合适的检测参数，光纤传感材料与系统在土木工程中的应用前景就会非常广阔。

2.1.4　压电传感监测技术

1. 基本概念

1）智能材料

智能材料是模仿生命系统，能感知环境变化，并能实时地改变自身的一种或多种性能参数，做出所期望的、能与变化后的环境相适应的复合材料或材料的复合。

2）压电材料

（1）概念。压电材料是土木工程中常见的一种智能材料。某些物质沿其某一方向施加压力或拉力时，其两个对立的表面上会产生符号相反的等量电荷，当外力去掉后，它又重新恢复到不带电状态，这种机械能转换为电能的现象称为"正压电效应"。反之，在某些物质的极化方向施加电场，该物质会产生机械变形，当去掉电场后，该物质的变形随之消失，这种电能转换为机械能的现象称为"逆压电效应"。具有明显压电效应的材料称为压电材料。压电材料分为三类：压电晶体、压电陶瓷和压电复合材料。

（2）压电复合材料。压电复合材料是一种多相材料，是由压电陶瓷和高分子聚合物通过复合工艺构成的一种新型材料。这种材料不仅能保持原组分的特色，通过复合效应还能使其具有原组分材料所不具备的性能。复合材料的复合效应包括加合效应和乘积效应等。

由于压电陶瓷与聚合物在力学性能和介电性能方面存在很大差异，故两者复合可以优势互补。压电复合材料设计需要考虑下述原则：

①连通性原则。复合材料中各相自身连接的模式以及控制系统中所加电场的量及场的分布模式。

②对称性原则。复合材料中单个组元相的对称性及其在复合材料中排列的

宏观对称性，都可以用于控制材料性能。

③ 尺度原则。复合材料性能系数的平均值，取决于相关激发波长复合相的尺寸。

（3）优点

① 极高的刚度，变形均在微米范围；

② 很高的自然频率，达到 500kHz；

③ 很宽的测量范围，测量量程与灵敏度阈值之比可以达到 108；

④ 很高的稳定性；

⑤ 很高的可重复性；

⑥ 输出输入间高线性度；

⑦ 很宽的操作温度范围；

⑧ 输入、输出均为电信号，容易实现测量和控制；

⑨ 易加工成薄片状，特别适用于柔性结构，既可以贴在结构物的表面，又可埋入结构构件中；

⑩ 功耗低，作驱动器时其所需激励功率小。

2. 基本原理

1）压电传感器方程

压电传感器的检测原理可通过压电传感方程来表示。构件产生的应力使传感器产生电位移，测出其值的大小，由如下换算关系即可得到结构应力：

$$
\begin{bmatrix} D_1 \\ D_2 \\ D_3 \end{bmatrix} = \begin{bmatrix} 0 & 0 & 0 & 0 & d_{15} & 0 \\ 0 & 0 & 0 & d_{24} & 0 & 0 \\ d_{31} & d_{32} & d_{33} & 0 & 0 & 0 \end{bmatrix} \begin{Bmatrix} \sigma_1 \\ \sigma_2 \\ \sigma_3 \\ \sigma_4 \\ \sigma_5 \\ \sigma_6 \end{Bmatrix} \tag{2-10}
$$

式中的应力向量可写为

$$
\sigma = \begin{Bmatrix} \sigma_1 \\ \sigma_2 \\ \sigma_3 \\ \sigma_4 \\ \sigma_5 \\ \sigma_6 \end{Bmatrix} = \begin{Bmatrix} \sigma_1 \\ \sigma_2 \\ \sigma_3 \\ \tau_{23} \\ \tau_{31} \\ \tau_{12} \end{Bmatrix} \tag{2-11}
$$

2）压电传感器的种类

压电传感器按极化方向的不同，可分为以下几种：

（1）应变传感器。应变传感器在垂直于构件的方向得到极化。当构件产生应变时，贴于构件上的传感器产生电荷，通过对电极电量的测量，得出应变量的大小。

（2）力传感器。力传感器的极化方向与所测力的方向平行，所产生电荷量的大小与所测力的大小呈正比变化，因而可以测出力的大小。

（3）剪切模态传感器。剪切模态传感器的极化方向与剪应变方向相切。当构件纵向产生应变时，传感器通过连于其上的连接桥产生受剪变形，从所测到的电荷大小得出构件纵向产生应变值。

压电传感/驱动结构中，压电材料与主体结构的连接方式有嵌入式和粘贴式两种；分布形式又有连续分布式和小片离散分布式两种。分散粘贴点式压电换能器不但制作较为方便，而且有利于有限元建模分析，便于进行结构与监测系统的设计。因此，表面粘贴小片离散分布式压电传感结构的研究相对较多。

随着压电传感器与驱动器的深入研究，已经实现了用同一压电元件既作传感器又作驱动器，即自感知驱动器。自感知驱动技术的关键在于如何区分出施加在压电元件上的驱动信号和由于结构变形而产生的电荷信号。一种方式是在压电元件两端并联一个参考电容，再通过适当的适调电路得到压电元件的应变信号；另一种方式是利用电桥平衡从压电元件两端提取感应电荷的方法来分析。

3. 诊断方法

基于压电智能材料的结构损伤诊断与健康监测，克服了传统传感器监测的不足，不但能够灵敏地检测到损伤的产生，而且能够定位损伤并表征损伤程度。

因此，压电智能材料结构系统在土木工程等许多领域都有着巨大的应用潜力。压电智能材料结构系统及其应用技术的兴起，不仅意味着结构功能的增强，结构使用效率的提高和结构设计形式的优化，更重要的是对传统土木工程的结构设计、建造、维护、使用及控制等许多观念的更新。

（1）机械阻抗法。机械阻抗法是一种进行实时诊断的检测技术，特别是对局部初始损伤很敏感。常用的压电材料是 PZT 薄片，通过测量 PZT 电阻抗的变化来判断结构中的损伤状态。

（2）动力参数分析方法。通过贴于结构上的压电驱动器产生激励，由压电传感器接收信号，将所得到的结构模态参数或响应曲线（频域响应、时域响应、频响函数等）与未损伤状态结构参数相比较，进行检测。该法虽已得到一些应用，但仍存在不足：①仅能检测到结构特定模态的损伤；②由于微小损伤对大型结构的模态参数影响很小，因此该法不能有效鉴定诸如初始裂缝等损伤；③仅能发现对所研究模态参数有影响的损伤。

（3）小波分析的方法。小波分析是近几年发展起来应用于结构健康监测和损伤诊断的很有前途的计算方法，利用小波变换，可以将结构振动响应信号分解成多个子信号，结构损伤对每个子信号的影响有显著不同，并且有些子信号对结构中的微小损伤很敏感。

（4）人工神经网络的方法。人工神经网络具有很强的非线性映射能力，特别适合于非线性模式的识别和分类，能够滤出噪声或在有噪声情况下正确识别。根据结构所处的不同状态，通过特征提取，选择对结构损伤敏感的参数作为网络的输入向量；结构的损伤状态作为输出，建立训练样本集。将样本集送入神经网络进行训练，建立输入参数与损伤状态之间的映射关系，训练之后的网络具有模式分类功能。通常网络的训练过程很慢，然而一旦训练完成，应用时计算速度很快，因此训练好的神经网络可应用于结构健康在线监测和实时诊断。

4. 应用概况

（1）机械阻抗法。Ayres 等人应用压电陶瓷贴片对 1/4 钢桥模型节点连接状况进行研究，整个试验结构重达 500 多磅（227kg），3 个传感器分别贴于关键部位，以检测出由于节点松脱而造成的局部损伤以及其对结构整体的影响。结果证实，应用提出的实时机械阻抗法可以有效地在损伤初始阶段发现损伤。

Soh 等人利用压电陶瓷传感器对施加破坏荷载的原型混凝土桥进行健康监测，试验中共采用 21 个压电陶瓷传感器，贴于预计会产生损伤的部位及其邻近区域。每个压电陶瓷传感器的两个电极均露在外表面，利于信号接收。监测过程中分别在两跨跨中加循环荷载。对压电陶瓷传感器用高频激励，计算监测损伤前后信号导纳实部的 RMSD 值来鉴定混凝土内部的裂缝。用该指标对损伤进行定量分析，结果表明压电陶瓷传感器可以很好地确定损伤状态。同时还发现离损伤越近，压电陶瓷传感器所测信号的变化越明显。

尽管结构的机械阻抗是结构参数的直接反映，但由于实际环境多为高频情况，测量困难。Bhalla 等人利用贴于结构表面的 PZT 来获取结构的机械阻抗信号，他们在损伤诊断过程中充分利用信号的实部和虚部信息，在提取结构参数的基础上提出了定量分析损伤的复杂损伤矩阵，即将压电陶瓷贴片用单自由度的刚度、质量和阻尼来等效。该方法不用预先知道结构的模态信息，通过在振动台上对两层钢筋混凝土结构进行地震动监测，验证了该方法的有效性。

（2）动力参数分析方法。重庆大学的郑旭铮等人采用 PZT 压电陶瓷对桥梁在动态荷载作用下产生的动态应变进行监测，以动态应变值为参数来描述桥梁的振动特性，评价桥梁结构的运行状况。

石荣等人采用压电阵列对结构的损伤进行监测。试验中，在柔性板上用不同长度的裂口来模拟不同等级的损伤，通过压电阵列来获取结构动态应变数据，对试验数据做出分析和比较之后，便可从柔性板的应变能量分布变化来初步确定损伤的部位和损伤程度。

Wang 等人研究开发出检测钢筋混凝土健康状态的植入式压电陶瓷传感器网络系统。他们依据压电陶瓷的特性，对压电陶瓷激励使产生超声应力波对结构进行扫描，并由压电传感器接收，形成主动监测系统，并在复合材料板和钢筋混凝土试样上进行试验。试验结果表明，由于脱层的存在，压电陶瓷传感器所测到的信号在幅值和到达时间上较健康状态均明显降低。当波在传递过程中遇到材料特性有突变的区域，将产生发散。用 X 射线所得复合材料板脱层的诊断图像与以上结果相吻合。研究者还对钢筋混凝土中钢筋的脱落和屈服进行检测。结果表明，在弹性变化范围内钢筋状态的变化对传感器监测信号的到达时间影响很大，但外加荷载对信号的幅值影响很小；当钢筋开始屈服时，传递波的波速几乎与荷载增大的速度呈比例地迅速增长，表明信号在钢筋弹性变化范围内传递速度很慢。

（3）小波分析的方法。Hou 等人提出了一种基于小波分析的损伤诊断。研究结果发现，经小波变换后的子信号可以很精确地给出损伤何时产生的信息。

Lin 等人模拟了在压电陶瓷换能器板中传递的瞬态波，即首先建立完整的结构健康监测系统，然后通过试验来验证该模型的有效性，利用贴于铝板表面的压电陶瓷片来激发并接收兰姆波。研究发现，单一模态兰姆波可以很好地在换能板中激发、传播和接收。Na 等人进一步证实了兰姆波可以长距离传播，且对内部损伤很敏感，从而证实了利用兰姆波可以很好地发挥压电陶瓷的特性来对大型结构进行健康监测。

为进行复合材料脱层的诊断，Lermistre 等人提出了离散小波变换的多步信号处理法，并建立健康监测系统。由于信号中噪声的影响使得复合材料中的脱层、纤维裂缝和微裂缝等损伤的定位和辨识难以实现，他们提出用时间滞后方程来对脱层进行定位，给出的每一种解法均得出了可能的损伤发生点，通过超声检验证实了该法定位损伤的准确性。

（4）人工神经网络的方法。Okafor 等人对模拟有不同脱落损伤的梁进行试验，用压电陶瓷片作驱动器进行激励，用聚偏二氟乙烯薄膜（PVDF）作传感器接收信号。以梁的模态频率为基础，对 BP 神经网络进行训练。试验结果表明，神经网络可以有效地预测出复合材料板中损伤的大小。

尽管应用神经网络不需要知道系统的内部信息，但它仍存在如准确性低、不能很好的理解等缺点。而且神经网络对与训练无关的数据不敏感，如果训练数据不能包含足够的信息，神经网络将不能可靠地解决实际问题。

2.1.5　GPS 监测技术

1. GPS 定位技术

1973 年 12 月，美国国防部批准其海陆空三军联合研制了一种新的军用卫星导航系统，即全球定位系统（GPS）。该系统由三大部分构成：GPS 卫星星座（空间部分）、地面控制系统（控制部分）和 GPS 信号接收机（用户部分），如图 2-2 所示。

经过 40 多年的发展，GPS 定位技术已日趋成熟。在早期的载波相位动态定位中主要采用人线交换法和占据已知基线法等方式解算整周模糊度，这些方法均需在动态定位开始之前进行，而且卫星一旦失锁，高精度的动态定位便无法实施，因而国内外 GPS 专家积极寻找能在运动中求解整周模糊度的方法。目前，这些方法包含模糊度函数法、双频伪距法、最小二乘搜索法和模糊度协方差

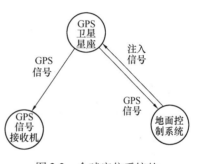

图 2-2　全球定位系统的
三大组成部分

阵法。另外，实时动态定位技术（Real Time Kinematic，RTK）是一种可实时获得观测点最终三维坐标的 GPS 测量方法，它采用了载波相位动态实时差分方法，极大地提高了作业效率。

常规的 GPS 测量方法，如静态、快速静态、准动态、动态测量都需要事后进行解算才能获得厘米级的精度，而 RTK 技术由于采用了载波相位动态实时差分方法，能够实时得到厘米级定位精度，高精度的 GPS 测量必须采用载波相位观测值，RTK 定位技术就是这样的实时动态定位技术，它能够实时地提供测站点在指定坐标系中的三维定位结果，并达到厘米级精度。

2. GPS 中 RTK 技术

（1）主要原理。设在基准站观测 i 个 GPS 卫星，求得伪距为

$$\rho_b^i = R_b^i + C(\mathrm{d}\tau_b - \mathrm{d}\tau_s^i) + \mathrm{d}\rho_b^i + \mathrm{d}_{bion}^i + \mathrm{d}\rho_{btrop}^i + \mathrm{d}M_b + V_b \qquad (2\text{-}12)$$

式中，R_b^i 为基准站到第 i 个卫星的真实距离，可由基准站坐标和卫星的星历求

得；$d\tau_b$ 为基准站的时钟偏差；$d\tau_s^i$ 为第 i 个卫星的时钟偏差；$d\rho_b^i$ 为第 i 个卫星的星历误差（包括 SA 政策影响）引起的伪距误差；d_{bion}^i 为电离层效应；$d\rho_{btrop}^i$ 为对流层效应；dM_b 为多路径效应；V_b 为 GPS 接收机噪声。

利用卫星星历计算出卫星位置和已知基准站的精确坐标，计算出卫星至基准站的真实距离 R_b^i，这样就可以求出伪距改正数为

$$\Delta\rho_b^i = R_b^i - \rho_b^i = -C(d\tau_b - d\tau_s^i) - d\rho_b^i - d_{bion}^i - d\rho_{btrop}^i - dM_b - V_b \quad (2-13)$$

同样，流动站接收到的伪距为

$$\rho_u^i = R_u^i + C(d\tau_u - d\tau_s^i) + d\rho_u^i + d_{uion}^i + d\rho_{utrop}^i + dM_u + V_u \quad (2-14)$$

用 $\Delta\rho_b^i$，对流动站伪距进行修正，则

$$\Delta\rho_b^i + \rho_u^i = R_u^i + C(d\tau_u - d\tau_s^i) + (d\rho_u^i - d\rho_b^i) + (d\rho_{uion}^i - d_{bion}^i) + $$
$$(d\rho_{utrop}^i - d\rho_{btrop}^i) + (dM_u - dM_b) + (V_u - V_b) \quad (2-15)$$

当基准站与流动站相距较近时，则

$$d\rho_u^i = d\rho_b^i, d\rho_{uion}^i = d\rho_{bion}^i, d\rho_{utrop}^i = d\rho_{btrop}^i \quad (2-16)$$

所以，$\Delta\rho_b^i + \rho_u^i = R_u^i + C(d\tau_u - d\tau_b) + (dM_u - dM_b) + (V_u - V_b)$

$$= \left[(X^i - X_u)^2 + (Y^i - Y_u)^2 + (Z^i - Z_u)^2 \right]^{\frac{1}{2}} + \Delta d\rho \quad (2-17)$$

如果基准站与流动站同时观测相同的 4 颗以上卫星，上式则有 4 个以上联立方程，由此可求解出流动站的坐标（X_u, Y_u, Z_u）和 $\Delta d\rho$，而 $\Delta d\rho$ 中含同一观测历元的各项残差为

$$\Delta d\rho = C(d\tau_u - d\tau_b) + (dM_u - dM_b) + (V_u - V_b) \quad (2-18)$$

对于载波相位观测量

$$\rho_u^i = \lambda(N_{uo}^i + N_u^i) + \varphi_u^i \quad (2-19)$$

式中，N_{uo}^i 为起始相位模糊度，即相位整周数的初始值；N_u^i 为从起始历元开始至观测历元间的相位整周数；φ_u^i 为测量相位的小数部分；λ 为载波波长。将上式代入基准站和流动站的观测方程式，并考虑到基准站的载波相位数据通过数据链传送至流动站，在流动站上将两者进行差分，最后得到

$$R_b^i = \lambda(N_{uo}^i + N_{bo}^i) + \lambda(N_u^i + N_b^i) + \varphi_u^i - \varphi_b^i$$
$$= (X^i - X_u)^2 + (Y^i - Y_u)^2 + (Z^i - Z_u)^2 + \Delta d\rho \quad (2-20)$$

式中，R_b^i 为基准站到卫星的真实距离，由卫星星历与基准站的坐标求出。

（2）技术特点。由以上分析可看到，GPS 中的 RTK 技术具有传统测量模式所不具备的优势：①各测站间无须通视，是相互独立的观测值。②全天候作业。GPS 观测工作可以在任何地点、时间连续地进行，不受天气状况的影响。③定位精度高。实时定位精度平面可达 10mm，高程可达 20mm。④观测时间短。例如，

我国香港青马大桥以 10 次/s 的采样频率提供 RTK 厘米级点位解算结果，高精度点位输出的时间延迟小于 0.05s，令从 GPS 信号的同步接收、RTK 厘米级点位输出、光纤网络传输、数据和图像处理及桥梁屏幕显示的过程都在 2s 内完成，提供实时位移监测。⑤能同时测定点的动静态三维坐标。与传统方法相比，GPS 不需要对水平位移和垂直位移进行分别测定，减少了工作量，提高了测量的精度。⑥操作方便。GPS 测量的自动化程度高，观测人员主要任务是安装并开关仪器、量取仪器天线的高度和监视仪器工作状态，而其他观测工作如卫星的捕捉、跟踪、观测均由仪器自动完成，故用户可以方便地把 GPS 监测系统建成无人值守的自动监测系统。

3. GPS 结构健康监测技术

1）基本原理

用于结构健康监测的 GPS 实时动态定位技术是一种基于载波相位双差模型的定位方法。在 RTK 作业模式下，基准站通过数据链将其观测值和测站坐标信息一起传送给流动站，流动站不仅通过数据链接收来自基准站的数据，自身还要采集 GPS 观测数据，并在系统内组成差分观测值进行实时处理，因为两测站是同步观测相同的卫星，所以卫星的轨道误差、卫星钟差、接收机钟差以及电离层和对流层的折射误差等具有一定的相关性，通过差分可以有效地消除这些误差。在整周未知数解固定后，即可进行每个历元的实时处理，只要能保持 4 颗以上卫星相位观测值的跟踪和必要的几何图形，流动站就能实时地给出厘米级定位结果。

2）监测系统的建立

结构监测的特点可以总结为不同特性的位置变化，不同的监测目的对监测系统的实时性、时间分辨率和位移测量的精度要求不同。由于监测系统的这 3 个指标之间的相互约束，这就要求在监测系统设计时，要根据实际情况进行优化。下面主要介绍几种典型的结构监测系统的建立和实施。

（1）振动测量。高频振动测量系统主要用于测量结构在负载特别是动态负载作用下位置变化的规律性，如风载作用下的高层建筑振动及风载和车流作用下桥梁的振动等。通过实测数据确定结构的安全运行能力，为其他结构的设计和有关研究工作提供基础数据资料。这种监测系统要求具有较高的时间分辨率，但不需要实时性。这个系统与一般的 GPS 动态后处理相对定位相似，在结构监测站和参考点上安置 GPS 接收机，以一定的采样频率记录观测数据，观测结束后处理数据得出振动的时间序列；区别在于数据处理时要考虑各种误差源影响的模型化，提高位置变化的求解精度。

（2）振动监测。GPS 高频振动监测系统主要用于实时测量结构在负载作用下的振动参数，为结构的安全运营提供保证。如监测悬索桥在台风作用下产生的路面变形以确保车辆的安全行驶。这种监测系统要求具有较高的时间分辨率和形变响应的实时性。时间分辨率要保证能测量出形变量显著的最高频率的振动分量，形变响应的时延要保证系统能够安全示警。受时间分辨率和实时性的影响，其位移测量精度一般在 20mm 左右。考虑环境相关误差源改正的精度可以提高到 3~10mm。

（3）形变监测。形变监测系统主要用于监测结构的缓慢位置变化或周期较长的振动，如重力负载作用下结构的形状变化，结构基础的整体运动和形变。这个系统也可以用于滑坡地震等局部地球动力学现象引起的地表变化监测。由于被监测的位置变化比较缓慢，在局部时间区间内可以用线性变化模型代替，系统的实时性和时间分辨率要求都较低，一般每隔几分钟甚至 1h 给出一个形变量。但是，系统的精度要求较高，一般根据形变的线性特性，用一定时间间隔内的观测数据减小随机误差和多路径效应的影响，以达到提高精度的目的。GPS 接收机的数据采样时间一般为 5~15s；位移更新时间为 15~60min，根据形变的线性程度而定。

系统的构成和数据流程与高频振动监测系统的集中处理方式一致。观测数据由实时传输改为定时传输，数据处理软件采用高精度后处理静态定位软件。

4. 应用概况

国内外已经有许多应用 GPS 技术对大型结构进行健康监测的成功事例。例如，加拿大的 Loves 等对卡尔加里塔的振动测量，证实了 GPS 可作为一种建筑物振动测量的标准方法；法国的 Leroy 等对诺曼底大桥进行的实时水平位移监测，证明了 GPS 能够以厘米级精度进行实时水平位移监测；清华大学与香港大学合作实时监测了青马大桥，通过差分 GPS 实时动态测量的方法获得桥体和桥塔的瞬时位移，这些数据为评定主体结构的承载能力、工作状态和耐久性提供了可靠的依据；朱桂新等对虎门大桥采用 GPS 和全站仪两种监测方案进行了经济效益方面的比较，研究发现用 GPS 对大桥进行长期监测可节约大量资金。

2.2 监测参数选择

2.2.1 大型结构监测参数

一般大型结构健康监测系统需对以下几方面内容进行监测：

（1）正常荷载作用下的结构响应和力学状态；

（2）结构在突发事件（如地震、意外大风或其他严重事故等）之后的损伤情况；

（3）结构构件的耐久性，主要是监控构件疲劳状况和长期腐蚀后的真实情况；

（4）重要非结构构件和附属设施的工作状态；

（5）结构所处的环境条件，如风速、温度、地面运动等。

因此，结构健康监测不仅是传统结构检测技术的简单改进，而且是运用现代化传感设备与光电通信及计算机技术，实时监测结构服役阶段在各种环境条件下的响应和行为，获取反映结构状况和环境因素的信息，由此分析结构健康状态，评估结构的可靠性，为结构的管理与维护提供科学依据。在偶发事件发生后，可通过监测数据识别结构的损伤和关键部位的变化，对结构的安全性和可靠性做客观评估。

2.2.2　超高层建筑监测参数

1. 动力特性监测

结构的损伤或老化会不同程度地引起结构参数如结构质量、刚度和阻尼的变化，进而导致结构自振频率、振型和模态参数等变化。结构动力监测的目的是通过监测系统来获得结构模态参数、加速度时程记录、频响函数来推算结构参数的变化从而进行结构参数识别、模型修正和损伤识别。结构的动力特性监测是超高层结构健康监测的一项重要内容。

2. 变形监测

超高层结构变形监测主要内容是结构水平位移。水平位移过大，将会导致结构开裂、倾斜或损伤，甚至达到一定程度时，因为结构加速度过大引起室内人员不适。在现有的建筑结构规范中，对超高层建筑的顶端位移和层间水平位移都有严格的限制。此外，超高层结构水平变形曲线也是变形监测的一项重要内容，它在一定程度上反映了结构垂直方向的刚度变化，是损伤判断的重要依据之一。

3. 局部监测

超高层建筑局部监测的内容包括巨型柱、核心筒墙体、外伸桁架等重要构件和一些结构重要节点。这些构件或节点的强度降低或损伤容易引起结构整体的不稳定及安全隐患。因此，对这些构件的内力状态、强度、耐久性（混凝土碳化、钢筋腐蚀以及开裂等）和温度等进行监测，及时发现损伤部位也是结构健康监测的重要内容之一。

4. 荷载监测

荷载监测目的在于记录超高层经受的各种可变荷载及其历程，为结构自诊断分析提供荷载数据。一般来说，超高层荷载监测的对象主要是风荷载和地震荷载。超高层结构属于风荷载敏感建筑，随着高度的增加，风荷载往往成为超高层结构设计中的控制荷载，并且频繁发生的风力作用容易引起构件或关键子结构发生过大的永久变形，增加结构二阶效应和屈服破坏的可能，从而降低结构的可靠度，因此抗风设计历来是结构设计的主要内容之一。现行结构规范对于超过一定高度的超高层结构风荷载方面的理论和规定相对还不完善。通过超高层结构的风向、风速的监测，获得超高层不同风场特性不仅有助于超高层结构在风场中的行为及其抗风稳定性的分析，为结构安全、可靠性评估提供依据，同时，还将促进超高层抗风设计和风工程的理论研究。

地震荷载也是健康监测系统的荷载监测内容之一，它主要的作用是记录地震荷载及其历程，为环境激励下的结构振动响应分析提供依据。

2.2.3　桥梁结构监测参数

1. 工作环境监测

（1）桥址处风场特性监测。通过桥址处的风向、风速的观测，获得桥梁不同部位的风场特性。根据实测资料，结合与气象部门提供资料的比较，及桥梁的风致振动响应监测结果在自然风场中的行为及其抗风稳定性，为大桥状态评估提供依据。

（2）环境温度及桥梁温度分布监测。通过对桥梁温度场以及桥梁各部分温度分布状况的监测，可为桥梁设计中温度影响的计算分析提供原始依据，对不同温度状态下桥梁的工作状态变化，如桥梁变形、应力变化等进行分析，对桥梁在实际温度作用下的安全性做出评价，并对桥梁设计理论进行验证和完善。

（3）交通车辆荷载信息监测。记录桥梁经受的各种交通荷载信息及其历程，掌握车辆的轴重、轴距、轴数、车速等变化情况，通过分析对比设计荷载规范进行校核。另外，通过荷载谱的分析可为桥梁结构分析和疲劳荷载谱的制定提供荷载参数。

（4）地震荷载及船舶撞击荷载监测。监测方式采用长期信号实时触发，首先设置信号触发阈值，当地震波或船舶撞击信号超过设定阈值时，系统自动采样，通过对桥址处地面运动和船舶撞击桥墩情况的监测，为桥梁进行受振作用的响应分析积累资料，为分析桥梁的工作环境、评价行车安全提供依据。

（5）其他。通过对桥址处相对湿度、空气酸碱性等环境的监测，掌握桥梁结构混凝土的碳化、钢筋的锈蚀等结构功能老化规律，为桥梁的耐久性评估提供依据。

2. 整体性能监测

（1）几何线型监测。在恒载作用下梁桥的梁轴线位置、拱桥的拱轴线位置、斜拉桥和悬索桥的主梁和索塔的轴线位置以及活载作用下轴线位置的变化是衡量桥梁是否处于健康状态的重要标志。通常温度变化、意外荷载作用以及混凝土收缩徐变等因素都会引起桥梁轴线位置的变化，一般监测项目包括主梁挠度和转角、拱轴线型、索塔轴线、墩台变位等。

（2）主构件受力监测。桥梁主要承载构件的受力监测是所有桥梁健康监测系统中必不可少的部分，通过实时监测了解结构在活载、温度等各种荷载作用下的应力或内力状态，为结构损伤识别、疲劳损伤寿命评估和结构状态评估提供依据。同时，通过控制测点上的应力（应变）状态的变异，检查结构是否有损坏或潜在的损坏。一般监测项目包括主梁、主拱等应力，斜拉索、悬索桥的主缆与吊索等索力，拱桥吊杆拉力等。

（3）桥梁结构振动监测。桥梁振动特性是表征桥梁结构整体状态的重要参量，与桥梁结构的刚度、质量及其分布直接相关，定期对桥梁结构的振动特性进行测量能从整体上把握桥梁结构的运行状态。

（4）其他监测项目。支座反力监测：有助于了解结构整体受力状态，并且有助于在结构分析时对边界条件的假定。行车舒适性与安全性监测：如轮重减载率、脱轨系数、冲击系数等。

3. 局部性能监测

（1）特殊构件受力监测。由于桥梁温差变化、结构局部缺陷或损伤引起的局部应力变化，混凝土的收缩、徐变引起的应力重分布以及受车辆荷载直接作用的桥面板应力变化规律等仍难以用分析的方法求得精确解，因此可以通过监测的方法来获悉桥梁控制部位的受力情况。

（2）重要构件振动监测。主要监测斜拉索振动、吊杆振动、桥面振动等。

（3）结构材质耐久性监测。利用现代无损检测技术对混凝土、钢材等材料的强度及损伤情况检测，解决可靠性评估中的抗力检测问题。例如，斜拉桥拉索的腐蚀、混凝土开裂导致的钢筋锈蚀、高强度螺栓等连接件的疲劳损坏等结构局部损伤，根据其发生的部位及严重程度，了解桥梁结构的健康状态。

（4）桥梁附属设施监测。桥面铺装、伸缩缝、桥面排水系统、照明设备等。

2.3　监测技术要求

2.3.1　监测方案

　　监测系统涉及结构工程、材料科学、信息科学、数据识别和处理、测试技术等多个领域，通过多学科交叉、综合设计而成。该系统将综合施工过程监测和建成后的健康监测及状况评估，同时还应考虑结构建成初期的养护管理过程，使系统能够建立结构设计、施工运营、养护维修和管理的全过程历史档案数据库，以服务将来的分析功能。制订监测方案时应保证监测系统有以下基本性能：

　　(1) 可靠性。监测系统的长期运行必须以工程可靠为基础，选择国内外有业绩和成功应用实例的成熟产品和技术，保证系统的设计要求和功能得以实现。

　　(2) 实用性。监测系统中硬件系统应易于布置、维护；软件系统应易于管理和操作，人机交互界面易于理解，充分利用系统仿真和可视化技术，避免因复杂操作带来的困难和失误。同时，监测系统要能够自我检查和维护。

　　(3) 完整性和扩充性。监测系统要能够采集到监测及状况评估所需的完整信息，监测过程必须内容完整、逻辑严密，各功能模块之间既互相独立又互相影响；同时，随着监测技术的进步和发展，系统要预留扩充监测功能，不至于因为部分系统功能的调整而破坏整个系统的正常运行；监测系统与现代网络技术相结合，可实现终端开放式数据处理，资源共享等目标。

　　(4) 先进性。监测系统采用成熟而先进的高技术手段，使系统的监测及分析评估功能达到当前国际先进水平，提高系统的科技含量。

　　(5) 高性价比。在满足功能和效益的条件下，优化传感器的布设，以达到用最小的成本来正确把握结构状况，避免无效工作和资源浪费。通过传感器的优化布置，实现结构状态改变信息的最优采集，使有限的传感器发挥最大的功效，提高系统的性价比。

2.3.2　监测目的及内容

1. 监测目的

　　监测方案的设计应首先明确系统的目的和功能，对于一般的土木工程结构，建立监测系统的目的可以是结构安全、健康监控与评估，也可以是设计验证、科学研究。目标一经确定，制订系统的监测内容也就有了依据，监测系统的规模以及硬件设备的优化、选择尚需考虑投资的限度。

2. 监测内容

监测内容的确定主要根据监测工程的性质和目的，在收集和熟悉工程概况的基础上，根据施工现场周围的环境确定监测内容。对于以结构安全、健康监控与评估为目的的监测系统，监测内容一般有应力-应变监测、位移变形监测、温度监测、结构振动反应监测、强震监测、风环境监测等。例如，以观察建筑的变形为目的的监测就可能包含建筑的沉降监测、水平位移监测、倾斜监测、裂缝监测以及挠度监测等。危岩滑坡的成灾条件，变形监测的主要内容包括危岩、滑坡地表及地下变形的二维或三维位移、倾斜变化，有关物理参数——应力-应变、地声变化，环境因素——地震、降雨量、气温、地表（下）水动态等的监测项目。

2.3.3 监测方法、设备和监测精度

监测方法和仪器的选择主要取决于工程本身的特点及周围的环境条件，根据监测内容的不同可以选择不同的方法和设备。例如，对于局部性的外观变形监测，高精度水准测量、高精度三角、三边、边角以及测量机器人监测系统是工程建筑物外部变形监测的良好手段和方法；而钻孔倾斜仪、多点位移仪则非常适合于工程建筑物内部的变形监测。

监测设备主要包括硬件和软件部分，硬件部分主要包括传感器、数据采集与处理设备、通信系统等；软件部分主要有数据处理、存储软件，结构损伤识别与状态评估软件等确定合理的精度对监测工作也是很重要的，特别对于位移与变形监测，过高的精度要求使测量工作变得复杂化，增加了费用，延长了时间，而精度确定太低又会增加变形分析的困难，使所估计的变形参数误差过大，甚至会得出不正确的结论。

监测精度取决于监测量的变化范围、变化速率、仪器和方法所能达到的实际精度，以及监测目的等。例如，对于变形监测，如果监测是为了使变形值不超过某一允许的数值，以确保建筑物的安全，则其监测的误差应小于允许变形值的 $1/20 \sim 1/10$；如果是为了研究变形的过程，则其误差应比上面这个数值小得多，甚至应采用目前测量手段和仪器所能达到的最高精度。对于不同类型的工程建筑物和不同的监测内容，对监测的精度要求差别较大。对于同类工程建筑物，由于其结构、形状不同，要求的精度也有差异；即使是同一建筑物，不同部位的精度要求也有不同。对于普通的工业与民用建筑，变形监测的主要内容是基础沉陷和建筑物本身的倾斜。一般来讲，对于有连续生产线的大型车间（钢结构、钢筋

混凝土结构的建筑物），通常要求监测工作能反映出 2mm 的沉陷量，因此，对于监测点高程的精度，应在 1mm 以内，特种工程设备（如高能加速器、大型天线），要求变形监测的精度高达 0.1mm。

2.3.4 监测部位和测点布置

基于测量仪器的监测，一般要在监测对象的特征部位埋设监测标志或传感器，对于变形监测还需要在变形影响范围之外埋设测量基准点，定期进行监测或自动采集。因此，监测部位和测点布置的确定将反映被监测量是否随时间而发生变化。针对监测内容及监测区的监测环境和条件，要求监测方法简单易行，点位布置必须安全、可靠，布局合理，突出重点，并能满足监测设计及精度要求，便于进行长期监测。对于基于动力学参数识别的健康监测系统，传感器的布设数量及位置对结构模态参数的识别起到至关重要的作用，进而影响结构整体损伤识别方法的效果。如何将有限的传感器布设在结构的合理位置以更好地获取结构的动力响应信息是传感器布点优化的主要研究内容。传感器布点优化问题就是从 N 个待选测点中，选择 M 个传感器布置点，以使测试目标最优，是一个组合优化问题。对传感器布点问题的研究，各种方法的不同之处表现在目标函数及优化算法的选取上。对优化算法的选取主要考虑其计算效率。

2.3.5 监测周期及监测成果

1. 监测周期

监测的频率取决于被监测量的数据变化范围、变化速度以及监测的目的。监测频率的大小应能反映出被监测量的变化规律，并可按照单位时间内变化量的大小确定。变化量较大时，应增大监测频率，变化量减小或建筑物趋于稳定时，则可减小监测频率。

通常，在工程建筑物建成初期，变形的速度比较快，因此监测频率也要大一些。经过一段时间后，建筑物趋于稳定。可以减少监测次数，但要坚持定期监测。如瑞士的 Zeuziet 拱坝在正常运营 20 多年后才出现异常，如果没有坚持定期监测，就无法及时发现异常，甚至导致灾害性后果。

2. 监测成果

每次监测工作结束后，均需提供监测资料、简报及处理意见。监测资料处理应及时，以便在发现数据有误时，可以及时改正和替补，当发现测值有明显异常时，应迅速通知主管和监理单位，以便采取相应措施。

　　原始数据经过审核、消除错误和取舍之后，就可以计算分析。根据计算结果，绘出各监测项目监测值与施工工序、施工进度及开挖过程的关系曲线。提交资料包括各监测值成果表，监测值与施工进度、时间的关系曲线，对各监测资料的综合分析以及说明围护结构和建筑物等在监测期间的工作状态及变化规律，判断其工作状态是否正常或找出原因，每次监测工作结束后，均需提供监测资料、简报及处理意见。监测资料处理应及时，提出处理措施和建议。监测工作全部结束后，应编写监测技术总结报告。

第3章 结构预测技术

3.1 预测的基本概念

随着经济建设的飞速发展、经济实力的日益增强，我国建筑业进入了一个蓬勃发展的新时期，从设计到施工，已经具备了建设大型高层建筑物的技术力量；同时随着城市化的不断推进，城市规模越来越大，城市用地越来越紧张，在多种因素共同作用下，高层建筑物越来越多的出现在城市里。然而，目前人们对建设各类工程所需研究的地质条件、水文情况、自然环境因素的影响等客观规律，在认识上还有一定的局限性；况且人们往往在某些不利地质条件下进行设计与施工，这些都使工程建设的各环节包含着一定的风险因素。虽然人们可以精心设计、精心施工，提高工程的安全度，将失事概率减低到最小程度，但仍然可以认为没有绝对安全的工程。这些建筑物在各种力的作用和自然因素的影响下，其工作性态和安全状况随时都在变化。

近年来，人们对建筑物变形观测的重要性已有了深刻的认识，在产生变形的相关地区布设了变形点并进行了相应的观测，积累了大量的观测数据。变形监测的最终目的，就是正确地分析与处理变形观测数据，对产生的变形做出正确的几何分析和物理解释。变形的几何分析是对变形体的形状和大小的变形做几何描述，其任务在于描述变形体变形的空间状态和时间特性，变形的物理解释是确定变形体的变形和变形原因之间的关系，其任务在于解释变形的原因。一般来说，几何分析是基础，主要是确定相对和绝对位移量，物理解释则是从本质上认识变形。对于工程安全来说，监测是基础，分析是手段，预报才是最终目的。变形监测、分析与预报是一项涉及多个学科的工作。不同的工程对象需要不同的监测技术和数据分析处理模型，这就为变形预测研究提出了许多新的课题。由于变形预报受到许多不确定因素的影响，所以变形预报模型也较多，而且各有利弊。

因此，为确保建筑物的安全使用，需要进行长期的精密变形监测，以确定其变形状态，再对建筑物未来可能变形进行预测，是保证工程安全运行的重要措施之一。事实上，很多失事工程在事前的监测资料中都可以找到前兆反应。对建筑物进行监测，利用原型监测资料，科学分析建筑物各效应量及其影响量之间的关系，及时掌握其运行状态及演变趋势，及时发现危及安全的异常因素，在事故发生之前采取对策，从而保证建筑物运行安全，充分发挥其经济效益和社会效益，已成为建筑工程防灾减灾的一个重要方面。

变形监测以及在监测基础上进行预测，除了及时掌握建筑物的工作状态，确保建筑物安全外，还有多方面的必要性。对建筑物及地基进行长期和系统的监测以及在监测基础上进行变形预测，是诊断、法律和研究等 3 个方面的需要：

（1）诊断的需要。其包括验证设计参数与改进设计，对施工技术的优越性进行评价；对不安全迹象和险情进行诊断并采取措施予以加固以及验证建筑物运行是否处于持续正常状态。

（2）法律的需要。对由于工程事故而引起的责任和赔偿问题，观测资料有助于确定其原因和责任，以便法庭做出公正判决。

（3）研究的需要。观测资料是建筑物工作状态的真实定量信息，可改进施工技术，利于设计概念的更新和对破坏机理的了解。正是这些必要性，各国都很重视建筑物安全预测工作，使其成为工程建设和管理工作中极其重要的组成部分。

3.2　预测的基本方法

3.2.1　基于灰色系统理论预测

1. 基本原理与基本概念

系统是指相互依赖的两个或两个以上要素所构成的具有特定功能的有机整体。系统可以根据其信息的清晰程度，分为白色、黑色和灰色系统。白色系统是指信息完全清晰可见的系统；黑色系统是指信息完全未知的系统；灰色系统是介于白色和黑色系统之间的系统，即部分信息已知、部分信息未知的系统。

灰色系统理论与方法的核心是灰色动态模型，而灰色动态模型的显著特点则是生成函数和灰色微分方程。

灰色动态模型是以灰色生成函数概念为基础，以微分拟合为核心的建模方法。灰色系统理论认为：一切随机量都是在一定范围内、一定时段上变化的灰色量和灰色过程。对于灰色量的处理不是寻求它的统计规律和概率分布，而是将杂乱无章的原始数据序列，通过一定的方法处理，变成比较有规律的时间序列数据。即以数找数的规律，再建立动态模型。对原始数据以一定方法进行处理，其目的有二：一是为建立模型提供中间信息；二是将原始数据的波动性弱化。

灰色预测所直接使用的不是原始数据序列，而是由原始数据序列所产生的灰色模块。这是由于原始序列中常混入随机量或噪声。在控制系统理论中，通常需要用滤波的方法来消除噪声，在灰色预测中对原始序列的处理相当于滤波的处理方法，即建立灰色模块，下面介绍建立灰色模块的两种方法累加生成序列和累减生成序列。

（1）累加生成序列。累加生成即通过对原始数列进行累加，生成新的数据序列，一般经过一次累加后，就可以进行建模了。

设原始序列为：

$$x^{(0)} = \{x^{(0)}(1), x^{(0)}(2), \cdots, x^{(0)}(k)\} \tag{3-1}$$

经过一次累加生成的新序列，记为 $1 - AGO$，为：

$$x^{(1)} = \{x^{(1)}(1), x^{(1)}(2), \cdots, x^{(1)}(k)\} \tag{3-2}$$

$$x^{(1)}(i) = \sum_{k=1}^{i} x^{(0)}(k) \tag{3-3}$$

一般累加公式为：$x^{r}(k) = \sum_{j=1}^{k} x^{(r-1)}(j) = x^{r}(k-1) + x^{(r-1)}(k) \tag{3-4}$

对于经过多次累加生成序列 x^{m}，大多数可用指数函数进行拟合，也就是说大多可以用微分方程来描述，或者说可以近似地作为微分方程的解。

（2）累减生成序列。经过累加之后的序列，已经失去其原来的物理意义，故经过方程求解的结果必须还原到原序列，即通过累减得到原始序列。

$$x^{(0)}(i) = x^{(1)}(k) - x^{(1)}(k-1) \tag{3-5}$$

一般累减公式为：$\quad x^{(r-1)}(k) = x^{r}(k) - x^{(r)}(k-1) \tag{3-6}$

2. GM （1，1）模型

设 $x^{(0)} = \{x^{(0)}(k)\}(k = 1, 2, \cdots, n)$ 是从系统中采集的一组时间序列（原始数据），当然 $x^{(0)}$ 可能是杂乱无章的。

将 $x^{(0)}$ 做一次累加生成（记为 $1 - AGO$），可得生成序列 $x^{(1)}(t)$，

$$x^{(1)} = \{x^{(1)}(k)\} \quad (k = 1, 2, \cdots, n) \tag{3-7}$$

其中，$x^{(1)}(k) = \sum_{j=1}^{k} x^{(0)}(j) \quad (j = 1, 2, \cdots, k)$

则可以建立以下的白化微分方程为：

$$\frac{\mathrm{d}x^{(1)}}{\mathrm{d}t} + ax^{(1)} = u \tag{3-8}$$

其中, a, u 为待定常数, $\hat{a}$ 为待识别的参数向量: $\hat{a} = [a, u]^T$

其中, $\hat{a} = (B^T B)^{-1} B^T Y$

$$
B = \begin{bmatrix}
-\dfrac{1}{2}\{x^{(1)}(1) + x^{(1)}(2)\} & 1 \\[2mm]
-\dfrac{1}{2}\{x^{(1)}(2) + x^{(1)}(3)\} & 1 \\[1mm]
\vdots & \vdots \\[1mm]
-\dfrac{1}{2}\{x^{(1)}(n-1) + x^{(1)}(n)\} & 1
\end{bmatrix} \quad
Y = \begin{bmatrix}
x^{(0)}(2) \\
x^{(0)}(3) \\
\vdots \\
x^{(0)}(n)
\end{bmatrix} \tag{3-9}
$$

白化后微分方程的解为:

$$
\hat{x}^{(1)}(k+1) = \left[x^{(0)}(1) - \frac{u}{a}\right]e^{-ak} + \frac{u}{a} \qquad (k = 0, 1, 2, \cdots, n) \tag{3-10}
$$

但人们一般不是关心 $x^{(1)}$ 的变化规律, 而是 $x^{(0)}$ 的变化规律, 为此要做累减生成, 即

$$
\hat{x}^{(0)}(k+1) = \hat{x}^{(1)}(k+1) - \hat{x}^{(1)}(k) = (1 - e^a)\left[x^{(0)}(1) - \frac{u}{a}\right]e^{-ak}
$$

$$
(k = 1, 2, \cdots, n) \tag{3-11}
$$

残差: $e(k) = x^{(0)}(k) - \hat{x}^{(0)}(k)$;　　　　残差均值: $\bar{e} = \dfrac{1}{n}\displaystyle\sum_{k=1}^{n} e(k)$;

方差 S_1^2: $S_1^2 = \dfrac{1}{n}\displaystyle\sum_{k=1}^{n}\left[e(k) - \bar{e}\right]^2$;　　　原始数据均值: $\hat{x} = \dfrac{1}{n}\displaystyle\sum_{k=1}^{n} x^{(0)}(k)$;

方差 S_2^2: $S_2^2 = \dfrac{1}{n}\displaystyle\sum_{k=1}^{n}\left[x^{(0)}(k) - \bar{x}\right]^2$;　　　后验差比值: $C = \dfrac{S_1}{S_2}$;

小误差概率: $P = P\{|e(k) - \bar{e}| < 0.6745 S_2\}$。

一般认为后验差比值 C 越小越好, P 值大说明误差较小的概率大, 这直接表明预测精度的高低, C 和 P 是 GM (1, 1) 精度检验的两项指标, 当 $C < 0.35$, $P > 0.95$ 时可视为模型的精度是高的。运用式 (3-10) 和式 (3-11) 就可以进行预测。

3. Verhulst 模型

Verhulst 模型是 1837 年德国生物学家 Verhulst 在研究生物繁殖规律时提出的。其基本思想是生物个体数量是呈指数增长的, 受周围环境的限制, 增长速度逐渐放慢, 最终稳定在一个固定值。

晏同珍教授 (1988) 根据对滑坡孕育、发展、发生的过程特征, 提出了二次曲线回归拟合和灰色理论中 Verhulst 生物繁衍的动态模型预测方法。他认为,

滑坡存在常速蠕变（孕育）、加速蠕变（达到破坏滑坡发生）和减速破坏（一个位移周期结束）的规律性，与生物生长规律有相似的机制，因此引用如下 Verhulst 模型描述滑坡位移过程：

$$\frac{\mathrm{d}x}{\mathrm{d}t} = ax - bx^2 \tag{3-12}$$

式中，x 为位移量，ax 是下滑力等引起的趋动项，bx^2 是下滑阻力等引起的非线形制约项。a，b 是待定参数，用灰色求解；x 是观测的物理量。式（3-12）中左边为位移随时间的变化率，并且位移速率在初始阶段（x 较小时）随位移的增大而增大，当 x 增至某一量值时，$\mathrm{d}x/\mathrm{d}t$ 达最大值，随后 $\mathrm{d}x/\mathrm{d}t$ 减缓，采用 $\mathrm{d}x/\mathrm{d}t$ 达到极大值的时间作为滑坡发生时间的预测值。

解上述方程式（3-12），可得其解为一条 S 型位移-时间曲线：

$$x = \frac{\dfrac{a}{b}}{1 + \left(\dfrac{a}{bx_0} - 1\right)\mathrm{e}^{-a(t-t_0)}} \tag{3-13}$$

式中，a，b 随不同的滑坡类型和不同的位移阶段而变化；x_0，t_0 为初始位移值及初始时间。当 $x = a/2b$ 时，$\mathrm{d}x/\mathrm{d}t$ 为极大值，所对应的时刻 t_r 为滑坡发生时间的预测值。将 $x = a/2b$ 代入式（3-13）得到滑坡发生时间预测值为：

$$t_\mathrm{r} = t_0 - \frac{1}{a}\ln\left(\frac{bx_0}{a - bx_0}\right) \tag{3-14}$$

4. 其他模型

（1）灰色残差 GM(1，1)模型。对 GM 模型的剩余残差建立 GM 模型，称为残差 GM 模型。这是为了进一步提高 GM 模型的预测精度的一种改进方法。一般如果对原始数列建立的 GM(1，1)模型的精度不满意，则可以用 GM(1，1)残差模型进行修正，以提高模型的精度。如有原始数列 $x^{(0)}$，并已经建立 GM 模型，它的时间响应系列为：

$$\hat{x}^{(1)}(k+1) = \left[x^{(0)}(1) - \frac{u}{a}\right]\mathrm{e}^{-ak} + \frac{u}{a} \tag{3-15}$$

由该 GM（1，1）模型可得生成数列 $x^{(1)}$ 的模拟值 $\hat{x}^{(1)}$

$$\hat{x}^{(1)} = \{\hat{x}^{(1)}(1), \hat{x}^{(1)}(2), \cdots, \hat{x}^{(1)}(n)\} \tag{3-16}$$

记生成数列 $x^{(1)}$ 与其模拟值 $\hat{x}^{(1)}$ 之差为 $\varepsilon^{(0)}$，则有

$$\varepsilon^{(0)} = \{\varepsilon^{(0)}(1), \varepsilon^{(0)}(2), \cdots, \varepsilon^{(0)}(n)\} \tag{3-17}$$

其中，$\varepsilon^{(0)}(k) = x^{(1)}(k) - \hat{x}^{(1)}(k)$。

如果残差数列满足：

① $\forall k \geq k_0$ ，$\varepsilon^{(0)}(k)$ 的符号一致；

② $n - k_0 \geq 4$。

则称
$$\{\varepsilon^{(0)}(k_0),\varepsilon^{(0)}(k_0+1),\cdots,\varepsilon^{(0)}(n)\} \tag{3-18}$$

为可建模残差尾段，仍记为 $\varepsilon^{(0)}$ ，其 $1-AGO$ 系列

$$\varepsilon^{(1)} = \{\varepsilon^{(1)}(k_0),\varepsilon^{(1)}(k_0+1),\cdots,\varepsilon^{(1)}(n)\} \tag{3-19}$$

的 GM（1，1） 时间响应式为：

$$\hat{\varepsilon}^{(1)}(k+1) = \left[\varepsilon^{(0)}(k_0) - \frac{u_\varepsilon}{a_\varepsilon}\right]e^{-a_\varepsilon(k-k_0)} + \frac{u_\varepsilon}{a_\varepsilon}, k \geq k_0 \tag{3-20}$$

则残差尾段 $\varepsilon^{(0)}$ 的模拟系列为：

$$\hat{\varepsilon}^{(0)} = \{\hat{\varepsilon}^{(0)}(k_0),\hat{\varepsilon}^{(0)}(k_0+1),\cdots,\hat{\varepsilon}^{(0)}(n)\} \tag{3-21}$$

其中，$\hat{\varepsilon}^{(0)}(k+1) = -a_\varepsilon\left[\varepsilon^{(0)}(k_0) - \frac{u_\varepsilon}{a_\varepsilon}\right]e^{-a_\varepsilon(k-k_0)}, k \geq k_0$ 。

用 $\hat{\varepsilon}^{(0)}$ 修正 $\hat{x}^{(0)}$ ，称修正后的时间响应式：

$$\hat{x}^{(1)}(k+1) = \begin{cases} \left[x^{(0)}(1) - \dfrac{u}{a}\right]e^{-ak} + \dfrac{u}{a}, k < k_0 \\ \left[x^{(0)}(1) - \dfrac{u}{a}\right]e^{-ak} + \dfrac{u}{a} \pm a_\varepsilon\left[\varepsilon^{(0)}(k_0) - \dfrac{u_\varepsilon}{a_\varepsilon}\right]e^{-a_\varepsilon(k-k_0)}, k \geq k_0 \end{cases}$$
$$\tag{3-22}$$

还原得：

$$\hat{x}^{(0)}(k+1) = \begin{cases} (1-e^a)\left[x^{(0)}(1) - \dfrac{u}{a}\right]e^{-ak}, k < k_0 \\ (1-e^a)\left[x^{(0)}(1) - \dfrac{u}{a}\right]e^{-ak} \pm a_\varepsilon\left[\varepsilon^{(0)}(k_0) - \dfrac{u_\varepsilon}{a_\varepsilon}\right]e^{-a_\varepsilon(k-k_0)}, k \geq k_0 \end{cases}$$
$$\tag{3-23}$$

上式就是灰色残差简单模型的预测公式。

（2）灰色新还原模型与灰色新还原残差模型。在原来的 GM（1，1） 的时间响应系列上求导得：

$$\hat{x}^{(0)}(k+1) = (-a)\left[x^{(0)}(1) - \frac{u}{a}\right]e^{-ak} \tag{3-24}$$

即为灰色新还原模型的预测公式，这与灰色简单模型的累减还原式有所不同。

在灰色新还原模型的基础上，对残差进行修正，计算过程和灰色残差模型相同，它的还原公式为：

$$\hat{x}^{(0)}(k+1) = \begin{cases} -a\left[x^{(0)}(1) - \dfrac{u}{a}\right]\mathrm{e}^{-ak}, k < k_0 \\ -a\left[x^{(0)}(1) - \dfrac{u}{a}\right]\mathrm{e}^{-ak} \pm a_\varepsilon\left[\varepsilon^{(0)}(k_0) - \dfrac{u_\varepsilon}{a_\varepsilon}\right]\mathrm{e}^{-a_\varepsilon(k-k_0)}, k \geqslant k_0 \end{cases}$$

$$(3\text{-}25)$$

（3）新陈代谢 GM（1，1）模型。对于一个系统来说，随着时间的推移，未来的一些扰动因素将不断地进入系统而对系统施加影响。所以，用 GM（1，1）模型预测时不一定建立一个模型一直预测下去，而只是用已知数列建立的 GM（1，1）模型预测第一个预测值，补充在已知数列之后，同时为不增加数据序列的长度，去掉其第一个已知数据，保持数据序列的等长度，再建立 GM（1，1）模型，预测下一个值。将预测值再补充到数据序列之后，再去掉该数据序列的第一个数据。这样新陈代谢，逐个预测，依次递补，直到完成预测目的或达到要求预测的精度为止。它可以达到以下两个目的：

① 及时补充和利用新的信息，提高了灰色区间的白化度，即使是预测灰数，在多数情况下也是有效信息。当然随着递补次数的增加，灰度也在增大，信息量减少，因此也不应该是无止境的。

② 每预测一步灰参数做一次修正，模型得到改进。这样灰参数不断修正，模型逐步改进，因而预测值都产生在动态之中。

3.2.2 基于神经网络预测

1. 基本原理

人脑是宇宙中已知最复杂、最完善和最有效的信息处理系统，是生物进化的最高产物，是人类智慧、思维和情绪等高级精神活动的物质基础，也是人类认识较少的领域之一。

人工神经网络（Artificial Neural Network，ANN）正是在人类对大脑神经网络认识理解的基础上人工构建的能够实现某种功能的神经网络。它是理论化的人脑神经网络的数学模型，是基于模仿大脑神经网络结构和功能而建立的一种信息处理系统。它实际上是由大量简单元件相互连接而成的复杂网络，具有高度的非线性，能够进行复杂的逻辑操作和非线性关系实现的系统。

神经系统的基本构造单元是神经细胞，也称为神经元。它与人体中其他细胞的关键区别在于具有产生、处理和传递信号的功能。每个神经元都包括 3 个主要部分：细胞体、树突和轴突。树突的作用是向四方收集由其他神经细胞传来的信息，轴突的功能是传出从细胞体送来的信息。每个神经细胞所产生和传递的基本信息是兴奋或抑制。在两个神经细胞之间的相互接触点称为突触。

模仿生物神经元细胞的基本特征，人工神经元的主要结构单元是信号的输入、综合处理和输出，其输出信号的强度大小反映了该单元对相邻单元影响的强弱。神经元之间相互连接的方式称为连接模式，相互之间的连接度由权值体现。在人工神经网络中，改变信息处理过程及其能力，就是修改网络权值的过程。一个神经网络的神经元模型和结构描述了一个网络如何将它的输入矢量转化为输出矢量的过程，人工神经网络的实质体现了其网络输入和输出之间的一种函数关系。通过选取不同的模型结构和激活函数，可以形成各种不同的人工神经网络，得到不同的输入/输出关系，并达到不同的设计目的，完成不同的任务。

2. 模型构建

从科学方法论的角度来看，构造模型的方法有唯理方法和唯象方法。唯理方法着重于揭示支配事物生成的动力系统。显然，规律的彻底揭示需要对其物理基础的彻底了解，这是人们所期望的，如物理学中的许多定律。但当基础理论不存在或相差甚远时，人们若对事物的了解仅限于观测数据，那只能利用现有的历史数据去构造模型，进而推测未来，这就是唯象方法。可见，唯象方法是一种对历史数据变化规律的探索。

采用唯象方法构造模型时的步骤如下：

（1）识辨观测数据的重要特点；

（2）构造一个先验时间序列模型，使其尽可能地与背景理论相符；

（3）检查所构造模型符合特性（1）的能力及其能否进一步改进。

3. 利用神经网络建模

自 20 世纪 80 年代初兴起的第二次神经网络热潮以来，神经网络以其特有的功能，被应用到众多领域，如系统识别、参数优化、控制系统、预测等方面，近年来也开始应用于岩土工程问题的研究之中。

人工神经网络是由人工神经元互联组成的网络，它是从微观结构和功能上对人脑的抽象、简化，是模拟人类智慧的一条重要途径，它反映了人脑功能的若干基本特征，如并行信息处理、学习、联想、模式分类、记忆等。

决定神经网络整体性能的三大要素如下：

（1）神经元（信息处理单元）的特性；

（2）神经元之间相互连接的形式——拓扑关系；

（3）为适应环境而改善网络性能的学习规则。

人工神经网络的核心问题是对广义问题的求解。其实现方法：学习阶段，利用已经建立的神经网络模型对典型的工程问题进行学习，建立各种影响因素与设计指标之间复杂的非线性映射，获得求解的知识领域；求解阶段，对待预测问题的输入指标送入训练好的网络，网络自动将其与所学得的知识进行匹配，推理出合理的结果。

在众多的网络结构中，以 BP 神经网络应用最广。20 世纪 80 年代中期，以 D. E. Rumelhart 和 Mc Clelland 为首提出了多层前馈神经网络（Multilayer Feed-forward Neural Networks，MFNN）的反向传播（Back Propagation，BP）学习算法，简称 BP 算法，是有导师的学习，它是梯度下降法在多层前馈神经网络中的应用。

如果网络中间层可以根据需要任意设置神经元个数，那么用 S 形特性函数的多层人工神经网络，可以以任意的精度逼近任何连续函数。在观测数据序列噪声较小的情况下，只要选取合理的网络结构参数，使用神经网络即可精确地反演出 $\varphi[\cdot]$（这种函数是隐含在权系数和阈值之中的）。因此，利用神经网络建立非线性预测模型是可能的，神经网络中权系数的确定相当于传统非线性时间序列模型的参数确定。

4. BP 神经网络建模

边坡工程是一个复杂的非线性系统，尤其是边坡位移是典型的非线性输入-输出关系问题，目前尚无准确的充分考虑各项因素影响的解析理论可用。根据人工神经网络对信息处理的能力，本节选择较为成熟的误差反向传播网络模型（即 BP 网络）进行研究。

在神经网络中，通常考虑某个神经元受到其他神经元的作用，因而总是以 n 个神经元相互连接组成神经元计算模型。每一个神经元接收的外界总输入只有超过其阈值才能被激活，第 i 个神经元的状态以某种函数形式输出，这种函数又称为特性函数或激活函数，即有：

$$y = f(u_i) = f\left(\sum_{j=1}^{n} w_{ij}x_j - \theta_i\right) \tag{3-26}$$

特性函数表达了神经元的输入-输出特性。常用的特性函数有线性函数，Sigmoid 函数（对数 S 型，正切 S 型）等。其中 Sigmoid 函数与生物神经元的真实反映非常相似，并且具有一个简单的倒数，因而应用广泛。

一般的对数 S 型激活函数和正切 S 型激活函数如图 3-1 和图 3-2 所示。

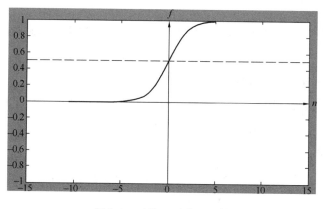

图 3-1 对数 S 型激活函数

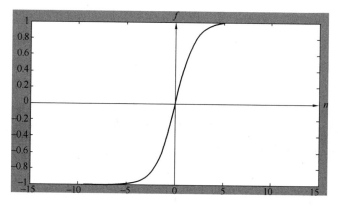

图 3-2 正切 S 型激活函数

5. BP 网络的学习算法

学习算法是神经网络的核心内容，BP 网络的学习，采用梯度下降算法，使得网络的实际输出与期望输出的均方差极小化。网络的学习分为两个阶段：信息的正向传播，输入信息从输入层开始传递并经隐含层逐层处理后，产生一个输出，得到一实际输出与期望输出之差的误差变化值；误差的反向传播，从输出层到输入层，利用误差变化值对权值进行逐层计算修改。当神经网络的实际输出值与期望值的误差调节到允许的范围之内，网络学习结束。此时实例中包含了专家知识，以并行分布方式隐含地储存在网络中，即神经网络获得了该领域的专家知识。其具体的学习过程如下：

（1）构造网络拓扑结构，选取合理的网络学习参数；

（2）初始化网络权值 $w_{ij}(0)$ 和阈值 $\theta_i(0)$，即把所有的权值和阈值都设置成较小的随机数；

（3）提供学习样本对（输入和期望输出值），也就是给出顺序赋值的输入向量 $X_i = (x_0, x_1, \cdots, x_{n-1})$ 和对应的期望输出值 $D_i = (d_0, d_1, \cdots, d_{m-1})$，其中下标 i 表示第 i 个样本或输入模式；

（4）特性函数选用 Sigmoid 函数，利用下列公式计算隐含层的输出 x'_j 和输出层的输出值 y_k，输入层节点的输出等于其输入，假设隐含层有 n_1 个单元，输出层有 m 个单元，输入层有 n 个单元。

$$x'_j = f(\sum_{i=0}^{n-1} w_{ij} x_i - \theta_j) \quad 0 \leqslant j \leqslant n_1 - 1 \tag{3-27}$$

$$y_k = f(\sum_{j=1}^{n_1-1} w_{jk} x'_k - \theta_k) \quad 0 \leqslant k \leqslant m - 1 \tag{3-28}$$

单个样本误差 E_i 和系统误差 E 为（假设有 p 个样本）：

$$E_i = \frac{1}{2} \sum_{k=0}^{m-1} (d_k - y_k)^2 \tag{3-29}$$

$$E = \sum_{i=0}^{p} E_i = \frac{1}{p} \sum_{i=0}^{p-1} E_i \tag{3-30}$$

（5）如果 $E_i \leqslant E_{is}$（单个样本误差容限），$E \leqslant E_s$（系统平均误差容限）或达到指定的迭代步数，学习结束，否则进行误差反向传播，转向（6）；

（6）反向逐层计算输出层网络节点误差

$$\delta_j = y_j(1 - y_j)(d_j - y_j) \tag{3-31}$$

其中，δ_j 是输出节点 j 的误差项，d_j 是节点 j 的目标输出，y_j 是实际计算得到的输出值。

隐含层网络节点误差为

$$\delta_j = x'_j(1 - x'_j) \sum_k \delta_k w_{jk} \tag{3-32}$$

其中，k 为输出层节点。

（7）计算权值修正量：

$$\Delta w_{ij}(n + 1) = \eta \delta_j x_i + \alpha \Delta w_{ij}(n) \tag{3-33}$$

节点阈值修正量为：

$$\Delta \theta_j(n + 1) = \eta \delta_j + \alpha \Delta \theta_j(n) \tag{3-34}$$

式中，η 和 α 为学习参数。

（8）修正网络权值：

$$w_{ij}(n + 1) = w_{ij}(n) + \Delta w_{ij}(n + 1) \tag{3-35}$$

阈值：
$$\theta_j(n + 1) = \theta_j(n) + \Delta \theta_j(n + 1) \tag{3-36}$$

再转向（3）。

当然，BP 算法具有收敛速度慢、易陷入局部极小等缺点，因此需要改进。人们可以采用动量法和学习率自适应调节策略，来提高学习效率并增加算法的可靠性。

6. BP 网络的设计分析

在进行 BP 网络的设计时，一般应从网络的层数、每层中神经元的个数和激活函数、初始值以及学习速率等几个方面进行考虑。

（1）网络的层数。理论上已经证明：具有偏差和至少一个 S 型隐含层加上一个线性输出层的网络，能够逼近任何有理数。增加层数主要可以进一步降低误差，提高精度，但同时也使网络复杂化，从而增加了网络权值的训练时间。

（2）隐含层的神经元数。网络训练精度的提高，可以通过采用一个隐含层，而增加其神经元数的方法来获得。这在结构实现上，要比增加更多的隐含层简单得多，且其训练效果也比增加层数更容易观察和调整。因此，一般情况下，应优先考虑增加隐含层的神经元个数。隐含层节点数的选择理论上没有明确的规定，在具体设计时，比较实际的做法是通过对不同节点数进行训练对比，然后适当加上一点余量。

（3）初始值的选择。由于系统是非线性的，初始值对于学习是否达到局部最小、是否能够收敛以及训练时间的长短关系很大。一般总是希望经过初始加权后的每个神经元的输入都接近于零，这样可以保证每个神经元的权值都能够在它们的 S 型激活函数变化最大之处进行调节。所以，一般取初始权值在（-1，1）的随机数。

（4）学习速率。学习速率决定每一次循环训练中所产生的权值变化量。大的学习速率可能导致系统的不稳定；但小的学习速率导致较长的训练时间，可能收敛很慢，不过能保证网络的误差值不跳出误差表面的低谷而最终趋于最小误差值。所以在一般情况下，倾向于选取较小的学习速率以保证系统的稳定性。学习速率的选取范围在 0.01 ~ 0.8。

为了减少寻找学习速率的训练次数以及训练时间，比较合适的方法是采用变化的自适应学习速率，使网络的训练在不同的阶段自动设置不同的学习速率的大小。

（5）期望误差的选取。在网络的训练过程中，期望误差也应通过对比训练后确定一个合适的值，这要看隐含层的节点数是多少，因为较小的期望误差是要靠增加隐含层的节点以及训练时间来获得的。一般情况下，可以同时对两个不同期望误差值的网络进行训练，之后通过综合因素的考虑来确定。

3.2.3 基于混沌时间序列预测

混沌是指确定性系统中出现的一种貌似无规则的，类似随机的现象。对于一个混沌时间序列，一般采用相空间重构的方法来研究吸引子的结构和特征，并且应用这些特征量来进行预测。

混沌时间序列预测是 20 世纪 80 年代末发展起来的一种非线性预测新方法，它已在天气预报、经济预测、电力负荷预测、股市预测等方面得到成功应用。本章主要讨论混沌时间序列预测的常用方法：全域法、局域法、加权一阶局域法、基于 Lyapunov 指数的时间序列预测方法及其在滑坡预测中的应用。

混沌运动是确定系统具有内在随机性的一种运动，它的行为极其敏感地依赖于初始条件。混沌系统从两个极其邻近的初始点出发的两条轨道，在短时间内差距可能不大，但在足够长的时间以后将呈现出很大差异。这种"蝴蝶效应"表明，对混沌运动不可能做出长期的精确预测。然而，根据混沌运动所具有的内在确定性，进行较准确的短期预测还是可能的。时间序列一经证实具有混沌性，就可应用混沌时间序列预测方法。

1. 全域预测法

设时间序列为 $x(t)$ $(t=0, 1, 2, \cdots)$，嵌入维数为 m，时间延迟为 τ，则重构相空间：

$$Y(t) = (x(t), x(t+\tau), \cdots, x(t+(m-1)\tau)) \in R^m \quad (t=0,1,2,\cdots,N)$$

$$(3-37)$$

根据 Takens 定理，对合适的嵌入维 m，时间延迟 τ，重构相空间在嵌入空间中的"轨线"在微分同胚意义下与原系统是"动力学等价"的。因而存在一个光滑映射 $f:R^m \to R^m$，给出相空间轨迹的表达式：

$$Y(t+1) = f(Y(t)) \quad (t=0,1,2,\cdots)$$

上述映射可表示为时间序列：

$$(x(t+\tau), x(t+2\tau), \cdots, x(t+m\tau)) = f(x(t), x(t+\tau), \cdots, x(t+(m-1)\tau))$$

$$(3-38)$$

用相空间重构来预测时间序列有多种方法，根据拟合相空间中吸引子的方式可分为全域法和局域法两种。所谓全域法是将轨迹中的全部点作为拟合对象，找出其规律，即得 $f(\cdot)$，由此预测轨迹的走向，这种方法在理论上是可行的。但由于实际数据总是有限的以及相空间轨迹可能很复杂，从而不可能求出真正的

映射 f。通常是根据给定的数据构造映射 $\hat{f}:R^m \to R^m$，使得 $\hat{f}$ 逼近理论的 f，即

$$\sum_{t=0}^{N} \left[Y(t+1) - \hat{f}(Y(t)) \right]^2 \tag{3-39}$$

达到最小值的 $\hat{f}:R^m \to R^m$。当然，具体计算中要规定 $\hat{f}$ 的具体形式。

全域法预测的缺点是：一般计算比较复杂，特别是当嵌入维数很高或者 $\hat{f}$ 很复杂时。因为混沌只能在非线性系统中产生，$\hat{f}$ 常取多项式、有理式等形式，这对较低的嵌入维是可行的。但如果遇到较高嵌入维的系统，用高阶多项式很不实际，故常用典型的线性回归分析方法。

2. 局域预测法

局域预测法是将相空间轨迹的最后一个作为中心点，把离中心点最近的若干轨迹点作为点，然后对这些相关点做出拟合，再估计轨迹下一点的走向，最后从预测的轨迹点的坐标中分离出所需要的预测值。相对于全域预测法来说，局域预测法在大多数情况下适用。

人们用重构相空间预测算法，就是要寻找"历史上情况最相似之处"。下面用一阶近似拟合的局域法为例来说明局域法的预测方法。所谓一阶近似是指以 $Y(t+1) = a + bY(t)$ 来拟合第 n 点周围的小邻域，设第 n 点的邻域包括点 t_1，$t_2,\cdots,t_p$，则上式可表示为

$$\begin{bmatrix} Y(t_1+1) \\ Y(t_2+1) \\ \vdots \\ Y(t_p+1) \end{bmatrix} = a + b \begin{bmatrix} Y(t_1) \\ Y(t_2) \\ \vdots \\ Y(t_p) \end{bmatrix} \tag{3-40}$$

可用最小二乘法求出 a 和 b，再通过 $Y(t+1) = a + bY(t)$ 得到相空间中轨迹的趋势，从而可以从 $Y(t+1)$ 中分离出时间序列的预测值。

一阶近似的缺点是线性的，优点是要拟合的参数随嵌入维数的增加而缓慢的增加。有时增加局域法的阶数可以增加预测的精度，但太高的阶数并不一定能保证更高的精度，这时可采用分段线性方法提高预测精度。

3. 加权零阶局域法

在上述重构相空间预测算法中，在找到中心点的邻域后，便将邻域中的几个点进行拟合，并不考虑邻域中各点与中心点的空间距离对其预测的影响。但是，相空间中各点与中心点的空间距离是一个非常重要的参数，预测的准确性，往往取决于与中心点的空间距离最近的那几个点。因此，将中心点的空间距离作为一

个拟合参数引入预测过程，在一定程度上可以提高预测的精度，并有一定的消噪能力。改进后的相空间轨迹的加权零阶局域法为：

$$Y' = \frac{\sum_{i=1}^{N} Y_{ki} e^{-l(d_i-d_m)}}{\sum_{i=1}^{N} e^{-l(d_i-d_m)}} \tag{3-41}$$

其中，Y' 为预测得到的相空间轨迹点，Y_{ki} 为中心点 Y_k 邻域中的各点，N 为邻域中点的数目，d_i，d_m 分别为邻域中各点到中心点的空间距离和最小距离。即邻域中的点到中心点的空间距离越小，则在预测中所占的比例越大。l 为参数，一般情况下 $l \geqslant 1$。

加权零阶局域法的具体算法如下：

（1）预处理。将时间序列进行零均值处理，得到序列 $x(t)$；$t = 1$，2，$\cdots$，M。

（2）重构相空间。用 C—C 方法计算出时间延迟 τ 和关联维 m，得到重构相空间为：

$$Y(t) = (x(t), x(t+\tau), \cdots, x(t+(m-1)\tau)) \in R^m \quad (t = 0, 1, 2, \cdots, N) \tag{3-42}$$

其中，N 为重构相空间点的个数，$N = M - (m-1)\tau$。

（3）寻找邻近点。在相空间中计算各点到中心点 $Y(N)$ 之间的欧氏距离找出 $Y(N)$ 的参考向量集 $Y(N) = \{Y_{N_1}, Y_{N_2}, \cdots, Y_{N_q}\}$。

（4）计算出 $Y(N+1)$。根据上述公式有：

$$Y(N+1) = \frac{\sum_{i=1}^{q} Y_{N_i} e^{-l(d_i-d_m)}}{\sum_{i=1}^{q} e^{-l(d_i-d_m)}} \tag{3-43}$$

（5）得到 $x(N+1)$ 的预测结果。由上式得到：

$$Y(N+1) = (x(t+1), x(t+1+\tau), \cdots, x(t+1+(m-1)\tau)) \tag{3-44}$$

在进行一点预测时，将 $\tau = 1$ 代入上式得到 $x(N+1)$ 的预测值。

4. 加权一阶局域法

大量的实际应用和数值试验表明：一般情况下，局域法的预测效果要好于全域法；一阶局域法的预测效果要好于零阶局域法；加权零阶局域法的预测效果要好于零阶局域法。设想加权一阶局域法的预测效果要好于一阶局域法和加权零阶局域法。据此，人们提出了一阶局域法的思想，其基本思想如下：

设中心点 X_k 的邻近点为 $X_{ki}, i = 1, 2, \cdots, q$ ，并且到 X_k 的距离为 d_i ，设 d_m 是 d_i 中的最小值，定义 X_{ki} 的权值为：

$$P_i = \frac{\exp(-a(d_i - d_m))}{\sum\limits_{j=1}^{q} \exp(-a(d_j - d_m))} \tag{3-45}$$

式中，a 为参数，一般取 $a = 1$。

则一阶局域线性拟合为：

$$X_{ki+1} = ae + bX_{ki}, i = 1, 2, \cdots, q \tag{3-46}$$

其中，$e = (1, 1, \cdots, 1)^T$

当 $m = 1$ 时，应用加权最小二乘法有：

$$\sum P_i (X_{ki+1} - a - bX_{ki})^2 = \min \tag{3-47}$$

尽管可直接求解上述方程，但更方便的是将其转化为普通最小二乘法模型。因而，所有最小二乘法的结论均适用于加权最小二乘法。此即加权一阶局域法。

加权一阶局域法的具体算法如下：

（1）建立相空间重构。用 C—C 方法计算出时间延迟 τ 和关联维 m，得到重构相空间为：

$$X(t) = (x(t), x(t + \tau), \cdots, x(t + (m - 1)\tau)) \in R^m \quad (t = 0, 1, 2, \cdots, N)$$

其中，N 为重构相空间点的个数，$N = M - (m - 1)\tau$。

（2）寻找邻近点。找出与时间序列的最后一个已知数据 $x(t_N)$ 对应的 m 维向量 X_k，在相空间中计算各点到中心点 X_k 之间的欧氏距离，找出 X_k 的参考向量集 $X_{ki}, i = 1, 2, \cdots, q$，并且点 X_{ki} 到 X_k 的距离为 d_i，设 d_m 是 d_i 中的最小值，定义 X_{ki} 的权值为：

$$P_i = \frac{\exp(-a(d_i - d_m))}{\sum\limits_{j=1}^{q} \exp(-a(d_j - d_m))}$$

式中，a 为参数，一般取 $a = 1$。 $\qquad(3\text{-}48)$

（3）进行计算预测。一阶加权局域线性拟合为：

$$\begin{bmatrix} X_{k1+1} \\ X_{k2+1} \\ \vdots \\ X_{kq+1} \end{bmatrix} = \begin{bmatrix} e & X_{k1} \\ e & X_{k2} \\ \vdots & \vdots \\ e & X_{kq} \end{bmatrix} \begin{bmatrix} a \\ b \end{bmatrix}, \text{其中} \ e = \begin{bmatrix} 1 \\ 1 \\ \vdots \\ 1 \end{bmatrix}_m \tag{3-49}$$

现以 $m = 1$ 的情况进行讨论，$m > 1$ 的情况类似，即

$$\begin{bmatrix} x_{k1+1} \\ x_{k2+1} \\ \vdots \\ x_{kq+1} \end{bmatrix} = \begin{bmatrix} 1 & x_{k1} \\ 1 & x_{k2} \\ \vdots & \vdots \\ 1 & x_{kq} \end{bmatrix} \begin{bmatrix} a \\ b \end{bmatrix} \tag{3-50}$$

应用加权最小二乘法有：

$$\sum_{i=1}^{q} P_i (x_{ki+1} - a - bx_{ki})^2 = \min \tag{3-51}$$

将上式看成是关于未知数 a 和 b 的二元函数，两边求偏导得到

$$\begin{cases} \sum_{i=1}^{q} P_i (x_{ki+1} - a - bx_{ki}) = 0 \\ \sum_{i=1}^{q} P_i (x_{ki+1} - a - bx_{ki}) x_{ki} = 0 \end{cases} \tag{3-52}$$

即化简得到关于未知数 a 和 b 的方程组得：

$$\begin{cases} a \sum_{i=1}^{q} P_i x_{ki} + b \sum_{i=1}^{q} P_i x_{ki}^2 = \sum_{i=1}^{q} P_i x_{ki} x_{ki+1} \\ a + b \sum_{i=1}^{q} P_i x_{ki} = \sum_{i=1}^{q} P_i x_{ki+1} \end{cases} \tag{3-53}$$

求解方程组可以得到 a 和 b，然后代入式（3-49）得到预测公式。

（4）根据预测公式进行预测。由 $X_{k+1} = ae + bX_k$ 算出 X_{k+1}，其最后一个分量即为 $x(t_N)$ 的预测值 $x(t_{N+1})$。

（5）计算出所有的预测值。继续构造下一个 m 维空间的向量，并找出其参考向量集，重复上述（2）～（4）的步骤，得到 $x(t_{N+1})$ 的预测值 $x(t_{N+2})$，如此一直做下去，直到算出所有预测值为止。

5. 基于 Lyapunov 指数法

（1）Lyapunov 指数及其数值计算。人们知道，混沌运动的基本特点是运动对初始条件极为敏感。两个极靠近的初值所产生的轨道，随时间推移按指数方式分离，Lyapunov 指数就是描述这一现象的量。在混沌研究和实际应用中，有时并不需要计算出时间序列的所有 Lyapunov 指数谱，而只要计算出最大的 Lyapunov 指数就足够了。如判别一个时间序列是否为混沌系统，只要看最大的 Lyapunov 指数是否大于零就能做出结论；而时间序列的预测问题一般都是基于最大 Lyapunov 指数进行预测的。所以，最大 Lyapunov 指数的计算在 Lyapunov 指数谱

中又显得尤为重要。最大 Lyapunov 指数的计算方法常见的有 Wolf 方法、Jacobian 方法和小数据量方法。下面主要介绍应用小数据量方法计算最大 Lyapunov 指数的算法。

设混沌时间序列为 $\{x_1, x_2, \cdots, x_N\}$，嵌入维数 m，时间延迟为 τ，则重构相空间：

$$X_i(t) = (x(t_i), x(t_i + \tau), \cdots, x(t_i + (m-1)\tau)) \in R^m \quad i = 1, 2, \cdots, M$$

(3-54)

其中，$M = N - (m-1)\tau$，嵌入维 m 和时间延迟 τ 可用 C—C 算法同时计算出来。

在重构相空间后，寻找给定轨道上每个点的最近邻近点，即

$$d_j(0) = \min \| X_j - X_{\hat{j}} \|, \quad |j - \hat{j}| > w$$

(3-55)

可以用 FFT 计算出序列的平均周期 T，并取分离间隔为 $w = T/\Delta t$，其中 Δt 为序列的采样周期。$d_j(0)$ 为第 j 个点到其最近邻域的距离。

那么最大 Lyapunov 指数就可以通过基本轨道上每个点的最近邻近点的平均发散速率估计出来。

Sato 等人估计最大 Lyapunov 指数为：

$$\lambda_1(i) = \frac{1}{i\Delta t} \frac{1}{(M-i)} \sum_{j=1}^{M-i} \ln \frac{d_j(i)}{d_j(0)}$$

(3-56)

其中，Δt 的意义同上，$d_j(i)$ 是基本轨道上第 j 对最近邻近点对经过 i 离散时间步后的距离。后来 Sato 等人改进估计表达式为：

$$\lambda_1(i, k) = \frac{1}{k\Delta t} \frac{1}{(M-k)} \sum_{j=1}^{M-k} \ln \frac{d_j(i+k)}{d_j(i)}$$

(3-57)

其中，k 是常数，$d_j(i)$ 的意义同上。

由最大 Lyapunov 指数的几何意义是量化初始闭轨道的指数发散和估计系统的总体混沌水平的量。所以，结合 Sato 等人的估计式有：

$$d_j(i) = C_j e^{\lambda_1(i\Delta t)}$$

C_j 为初始的分离距离常数。

对其两边取对数，得到：

$$\ln d_j(i) = \ln C_j + \lambda_1(i\Delta t) \quad j = 1, 2, \cdots, M$$

方程代表一簇近似平行线，最大 Lyapunov 指数大致等于这组曲线的斜率。可以用最小二乘法拟合得最大 Lyapunov 指数为：

$$\lambda_1 = \frac{1}{\sum i^2} \sum [i \times y(i)]$$

(3-58)

其中，$y(i) = \dfrac{1}{\Delta t}\langle \ln d_j(i) \rangle$，而 $\langle \cdot \rangle$ 表示所有非零 $d_j(i)$ 的平均值。

（2）具体的预测方法。由混沌动力学理论可知，Lyapunov 指数可以用来表征系统的混沌行为和系统在相空间中相邻轨迹的指数幅散，它刻画了相空间中相体积收缩和膨胀的几何特征。因此 Lyapunov 指数是个很好的预测参数。其具体预测方法如下：

设参考态为 $X(t_n - (m-1)\tau)$，其最近邻态为 $X_{\mathrm{nbt}}(t)$，则：

$$X_{\mathrm{nbt}}(t) = \min(\parallel X(t_n - (m-1)\tau) - X(t_i) \parallel), \quad i = 1,2,\cdots,(m-1)$$

$$(3\text{-}59)$$

设参考态为 $X(t_n - (m-1)\tau)$ 经提前预报时间 T 后演化为 $X(t_n - (m-1)\tau + T)$。显然只要 $T \leqslant \tau$，则 $X(t_n - (m-1)\tau + T)$ 中只有其最后一个分量 $X(t_n)$ 是未知的，而其余的 $m-1$ 个分量都是已知的。有：

$$2^{\lambda_1 k} = \frac{\parallel X(t_n - (m-1)\tau + T) - X_{\mathrm{nbt}}(t_i + T) \parallel}{\parallel X(t_n - (m-1)\tau) - X_{\mathrm{nbt}}(t_i) \parallel} \qquad (3\text{-}60)$$

式中，λ_1 为最大 Lyapunov 指数。式（3-60）就是 Lyapunov 指数预报模式。

Lyapunov 指数表征了系统邻近轨道的幅散程度。邻近轨道的幅散与否，意味着对初始信息的遗忘或保留，即可与预测问题相关。因此，可以用 Lyapunov 指数来解决可预测性期限定量度量的问题。在混沌的时间序列中，定义最大可预测时间尺度为系统最大 Lyapunov 指数的倒数，即 $T_m = \dfrac{1}{\lambda_1}$。它表示系统误差增加 1 倍所需要的最长时间，并以此作为预测可靠度的指标之一。

3.3 预测的数据处理

3.3.1 监测数据预处理

通过前面的分析可知，如何从监测中取得比较全面、准确的数据是一个方面，是通过先进的监测手段和完善的方法来决定的，是监测所完成的工作。但是，数据采集回来后，如何面对这些数据并能通过已知的数据对被测物体的状态进行估计则是数据处理的问题。由于人们实行的是多参数的监测手段，每个监测数据可能具有不同的属性或者不同的单位，因此有必要对数据进行预先处理来完成数据的协同和同步。

1. 数据的曲线拟合

曲线拟合是趋势分析法中的一种，又称为曲线回归、趋势外推或趋势曲线分析，它是迄今为止研究最多，也最为流行的定量预测方法。

人们常用各种光滑曲线来近似描述事物发展的基本趋势，即

$$Y_t = f(t, \theta) + \varepsilon_t \qquad (3-61)$$

式中，Y_t 为预测对象；ε_t 为预测误差；$f(t, \theta)$ 根据不同的情况和假设，可取不同的形式，而其中的 θ 代表某些待定的参数，下面是几个典型的趋势模型。

多项式趋势模型：$Y_t = a_0 + a_1 t + \cdots + a_n t^n$；对数趋势模型：$Y_t = a + b \ln t$；

幂函数趋势模型：$Y_t = at^b$；指数趋势模型：$Y_t = ae^{bt}$；

双曲线趋势模型：$Y_t = a + b/t$；修正指数模型：$Y_t = L - ae^{bt}$；

逻辑斯蒂（Logistic）模型：$Y_t = \dfrac{L}{1 + \mu e^{-bt}}$；

龚伯茨（Gompertz）模型：$Y_t = L\exp(-\beta e^{-\theta t})$；

皮尔曲线（Pearl-Reed Curve）数学模型为：$Y_t = \dfrac{L}{1 + ae^{-bt}}$。

其中，L 为函数增长上限；a，b 为系数。

因此，人们可以具体采集的数据的特点，先对数据进行拟合，有时可能有意想不到的效果。

2. 趋势叠加

趋势叠加法的基本原理：根据所处的阶段，用一个函数先拟合所要处理数据的总体发展状态，用这个趋势函数和周期函数进行叠加建立模型，即：

$$x_t = f(t) + \sum_{i=1}^{n} \left(a_i \cos \frac{2\pi i}{T} t + b_i \sin \frac{2\pi i}{T} t \right) \qquad (3-62)$$

当然，有的趋势叠加模型，先用传统函数拟合总体发展趋势，再用周期项进行修正，最后即可得到随机因素产生的影响。

3. 数据的滤波处理

监测的数据往往是一个长期的过程，其影响因素也是众多的，为了消除其中的某些随机因素的影响，可以把一个长期过程中监测的数据序列，按照一定的时间间隔进行统计，可以通过一些滤波算法把一些干扰因素的影响去掉。

1）卡尔曼滤波

卡尔曼（Kalman）滤波分析方法的主要用途是通过最优滤波分析剔除各种随机干扰噪声，从而获取最逼近真实情况的过程信息，用于进一步的控制。

卡尔曼滤波方法的一个重要特征是，通过采用不断获取的新观测数据进行逐步跟踪的实时预报。这种实时预报可以及时根据近期获得的反映边坡系统最新物理特征的数据修正预报模型，并进行观测误差的校正。

若 Z_k 为第 k 步的位移观测值，这个观测值中可能含有仪器的观测误差。为了剔除（过滤）这个观测误差，得到接近真实的位移值，并用于下一步位移值预测，首先根据前 m 个最优估计位移值做一次预估（x'_k），然后对该预估值做最优估计（x_k），以此最优估计值做第 k 次的实际位移值。最后，利用预测模型，依据 x_k 做 1 步外推预报，得到第 $k+1$ 步的预报值 x'_{k+1}。其数学描述如下：

设仪器观测误差为 σ_v^2，预测模型不确定性引起的方差为 σ_w^2，预测模型传递系数为 φ，这些都是决定与仪器性能和模型系统性质的参数，若第 $k-1$ 步前 m 个最优估计值方差为 σ_{k-1}^2，则第 k 步预估值误差为：

$$\sigma'^2_k = \varphi^2 \sigma_k^2 + \sigma_w^2 \tag{3-63}$$

卡尔曼滤波器增益为：

$$K_k = \frac{\sigma'^2_k}{\sigma'^2_k + \sigma_v^2} \tag{3-64}$$

并有：

$$\sigma_k^2 = (1 - K_k)\sigma'^2_k \tag{3-65}$$

若第 k 步观测值为 Z_k，预估值为：

$$x'_k = \varphi x_{k-1} \tag{3-66}$$

则可做出第 k 步的最优估计值，为：

$$x_k = x'_k + K_k(Z_k - x'_k) \tag{3-67}$$

并由此可做出第 $k+1$ 步预估值（即预测值）：

$$x'_{k+1} = \varphi x_k \tag{3-68}$$

σ_v^2 是对仪器观测值与真值之间误差的度量，可以由仪器精度确定。当然也可以通过观测曲线求解 σ_v^2。即在观测曲线 $Z(t)$ 上找一段相对规则波动的曲线段，做出平均直线，量取各观测值与平均直线的距离，求出其平方均值，即为 σ_v^2。

对于 φ 值，可以利用最优估计值数据列 $\{x_i\}$，截取 $x_{k-m}, x_{k-m+1}, \cdots, x_{k-1}$ 等 m 个数据，即最近的 m 个最优估计值，建立 $m-1$ 个方程：

$$x_i = \varphi x_{i-1} \qquad i = k-m+1, k-m+2, \cdots, k-1 \tag{3-69}$$

采用最小二乘法确定上式中参数 φ，有：

$$\varphi = \frac{\sum\limits_{i=k-m+1}^{k-1} \overline{x_i} x_{i-1}}{\sum\limits_{i=k-m+1}^{k-1} x_{i-1}^2} \tag{3-70}$$

式中，$\overline{x}$ 为 m 个 x 值的均值。

至于 σ_w^2，比较式（3-69）和式（3-70）可知，其为 $W = x_k' - \varphi x_{k-1}$ 引起的方差，即模型预估引起的方差，因此，可以取 σ_w^2 为第 $k-1$ 步的值，即有：

$$\sigma_w^2 = \sigma_{k-1}'^2 - \varphi^2 \sigma_{k-2}^2 \tag{3-71}$$

2）多元非线性相关分析

其基本思路和方法是将较多与滑坡活动有关的因素作为预测因子集，将其与经过了卡尔曼滤波方法的时间-位移曲线进行相关检验，通过相关检验对预测因子集进行筛选。根据"当选者"的最佳拟合初等函数建立线性方程，采用最小二乘法求得待定系数，然后建立回归方程，再将回归方程还原为非线性方程，对滑坡进行逐步跟踪的中期预报。其具体方法如下：

（1）筛选预报因子。按照概率论，两因素观测数据列 $\{x_k\}$ 和 $\{y_k\}(k=1,2,\cdots,n)$ 的相关系数为：

$$r_{xy} = \frac{C_{\text{or}}(x,y)}{\sqrt{D(x)} \sqrt{d(y)}} \tag{3-72}$$

式中，
$$C_{\text{or}}(x,y) = E\{[x - E(x)][y - E(y)]\}$$
$$D(x) = E\{[x - E(x)]^2\} = E(x^2) - [E(x)]^2 \tag{3-73}$$
$$D(y) = E(y^2) - [E(y)]^2$$

它们分别为两数据列的协方差和各自的方差，$E(x)$ 表示括号中随机变量均值，且有

$$E(x) = \frac{1}{n} \sum_{k=1}^{n} x_k \tag{3-74}$$

当所研究的因素个数为 m，获得 m 个观测数据列，仿照上述方法，可以取得任意两因素间的相关系数。例如对第 i 个因素和第 j 个因素，可以得到相关系数 r_{ij}，则 m 个因素双双组合，可以得到一个相关系数矩阵：

$$R = \begin{bmatrix} r_{11} & r_{12} & \cdots & r_{1m} \\ r_{21} & r_{22} & \cdots & r_{2m} \\ \vdots & \vdots & & \vdots \\ r_{m1} & r_{m2} & \cdots & r_{mm} \end{bmatrix} \tag{3-75}$$

相关矩阵中任一元素的值表示两个因素的相关程度，任一行元素或任一列元素表示某一因素与 m 个因素中各因素的相关程度。由相关矩阵可以得到如下结果：

① 如果设定 m 个因素中的第一个为"标志因素"（例如直接且直观反映滑坡活动的位移因素），则上矩阵中第一行（列）中各元素值的大小就反映了各因素与滑坡标志因素的关系密切程度。因此，可以按照该行（列）中元素值大小排列顺序，取 n 个较大的值，相应的因素可以作为"预报因素"。

② 排除标志因素外的各因素之间的相关系数构成一个子矩阵：

$$R_1 = \begin{bmatrix} r_{22} & r_{23} & \cdots & r_{2m} \\ r_{32} & r_{33} & \cdots & r_{3m} \\ \vdots & \vdots & & \vdots \\ r_{m2} & r_{m3} & \cdots & r_{mm} \end{bmatrix} \qquad (3-76)$$

进行第二步筛选预报因素时，取该子矩阵中相关系数较大，并同时考虑在第一步筛选出的预报因素所对应的相关系数较小的，剔除重复性大的因子，保留重复性小的因子。

通过上述相关分析中的两步筛选，可以确定出少数几个关系密切的预报因素，构成预报因子集。

（2）根据第一、第二"当选者"建立线性方程

令 $W_1 = Z_s$， $W_2 = Z_v$，则

$$y = b_0 + b_1 W_1 + b_2 W_2 \qquad (3-77)$$

式中，W_1 为第一当选者的最佳拟合初等函数；W_2 为第二当选者对应的最佳拟合初等函数；s 为第一当选者下标；v 为第二当选者下标。

采用最小二乘法求待定系数 b_0，b_1，b_2，列回归方程：$y = b_0 + b_1 Z_1 + b_2 Z_2$。

（3）将 $Z = f(x)$ 代入上式后，回归方程还原为非线性方程：

$$y = b_0 + b_1 f(x_1) + b_2 f(x_2) \qquad (3-78)$$

当时间变量 t 为自变量 x 时，则用

$$y = b_0 + b_1 f(t_1) + b_2 f(t_2)$$

就可以对滑坡进行逐步跟踪的中短期预报。

3.3.2 监测数据的常规处理

监测的数据往往都是大量的，找出这些数据的内在规律性便有着重要的意

义。回归分析方法正是建立在大量试验观测数据的基础上，找出这些变量之间的内部规律性，从而定量建立一个变量和另外多个变量之间的统计关系的数学表达式。因此简单地说，回归分析就是研究一个变量与其他变量间关系的一种统计方法。因此，回归分析是一种比较简洁实用的方法，但是这类统计方法是一种静态的数据处理方法，从严格意义上说，它不能直接应用于所考虑的数据是统计相关的情况。

但是无论是按时间序列排列的观测数据还是按空间位置顺序排列的观测数据，数据之间都或多或少的存在统计自相关现象。因此，时间序列分析便可以作为回归分析的一个有利补充。时间序列分析是系统辨识与系统分析的重要方法之一，是一种动态的数据处理方法。时间序列分析的特点在于逐次的观测值通常是不独立的，且分析必须考虑观测资料的时间顺序，当逐次观测值相关时，未来数值可以由过去观测资料来预测，可以利用观测数据之间的自相关性建立相应的数学模型来描述客观现象的动态特征。

1. 回归分析

（1）多元线性回归分析。经典的多元线性回归分析法仍然广泛应用于观测数据处理中的数理统计中。它是研究一个变量（因变量）与多个因子（自变量）之间非确定关系（相关关系）的最基本方法。

设变量 y 与 m 个自变量 $x_1, x_2, \cdots, x_m$ 存在线性关系：

$$y_t = \beta_0 + \beta_1 x_{t1} + \beta_2 x_{t2} + \cdots + \beta_m x_{tm} + \varepsilon_t \ (t = 1, 2, \cdots, n) \quad \varepsilon_t \sim N(0, \sigma^2)$$

$$(3\text{-}79)$$

式中，下标 t 表示观测值变量，共有 n 组观测数据；m 表示因子个数；$\beta_i (i = 0, 1, \cdots, m)$ 称为回归系数；ε 为随机变量，称为随机误差。

设有 n 组边坡参数观测值数据

$$
\begin{array}{c}
x_{11}, x_{12}, \cdots, x_{1m}, y_1 \\
x_{21}, x_{22}, \cdots, x_{2m}, y_2 \\
\vdots \\
x_{i1}, x_{i2}, \cdots, x_{im}, y_i \\
\vdots \\
x_{n1}, x_{n2}, \cdots, x_{nm}, y_n
\end{array}
\tag{3-80}
$$

其中，x_{ij} 表示第 i 个边坡参数关于变量 x_j 的观测值，于是有

$$y_1 = \beta_0 + \beta_1 x_{11} + \beta_2 x_{12} + \cdots + \beta_m x_{1m} + \varepsilon_1$$
$$y_2 = \beta_0 + \beta_1 x_{21} + \beta_2 x_{22} + \cdots + \beta_m x_{2m} + \varepsilon_2$$
$$\vdots \qquad\qquad\qquad \vdots \qquad\qquad (3\text{-}81)$$
$$y_n = \beta_0 + \beta_1 x_{n1} + \beta_2 x_{n2} + \cdots + \beta_m x_{nm} + \varepsilon_n$$

用矩阵可以表示为

$$Y = X\beta + \varepsilon \qquad (3\text{-}82)$$

式中，

$$Y = (y_1, y_2, \cdots, y_n)^{\mathrm{T}}$$

$$X = \begin{bmatrix} 1 & x_{11} & x_{12} & \cdots & x_{1m} \\ 1 & x_{21} & x_{22} & \cdots & x_{2m} \\ \vdots & \vdots & \vdots & & \vdots \\ 1 & x_{n1} & x_{n2} & \cdots & x_{nm} \end{bmatrix} \qquad (3\text{-}83)$$

β 是待估计的回归参数向量，$\beta = (\beta_0, \beta_1, \cdots, \beta_m)^{\mathrm{T}}$；$\varepsilon$ 是服从同一正态分布 $N(0, \sigma^2)$ 的 n 维随机向量，$\varepsilon = (\varepsilon_1, \varepsilon_2, \cdots, \varepsilon_n)^{\mathrm{T}}$。

由最小二乘法原理可以求得 β 的估计值 $\hat{\beta}$ 为

$$\hat{\beta} = (X^{\mathrm{T}}X)^{-1}X^{\mathrm{T}}Y \qquad (3\text{-}84)$$

建立模型之后就可以进行预测了。

（2）非线性回归分析。边坡变形是一个复杂的非线性过程，它主要受到边坡地区的地质构造、边坡滑坡体及滑动面的力学性质、边坡滑坡体及滑坡地区的水文气象条件（如地下水、雨水等）的影响。显然，过程本质的非线性就决定了预报模型的非线性。

回归方法中常包含两种情况，一种是可以通过自变量因子变换，使非线性回归转化为线性回归，然后求解系数，并予以还原；另一种是不能用自变量因子变换化为线性回归的情况，一些文献将它们区分为外在非线性和内在非线性。

对于第一种情况，预测模型是经常遇到的，以下是实际工作中的转换情况。

对于 $y = a + bt + ct^2$ 类似的情况，只需要令 $x_1 = t$，$x_2 = t^2$，即可以转换为

$$y = a + bx_1 + cx_2 \qquad (3\text{-}85)$$

对于 $y = a + b\ln x$ 的回归模型，可以令 $x' = \ln x$，即转换为

$$y = a + bx'$$

对于 $u = Ae^{-B/t}$ 指数型模型，令 $y = \ln u, x = 1/t$，即转换为

$$y = - Bx + \ln A = A'x + B' \tag{3-86}$$

式中, $A' = - B, B' = \ln A$。求得 A', B' 后, 由 $A = e^{B'}, B = - A'$ 求得最终回归系数。

对于 $u = \dfrac{t}{A + Bt}$ 双曲线函数模型, 令 $y = \dfrac{1}{u}, x = \dfrac{1}{t}$, 即转换为

$$y = Ax + B \tag{3-87}$$

以上的函数都可以通过辅助变量将非线性关系转换为线性回归, 故此时可以通过上述的线性回归方法加以处理, 通过还原后, 就可以进行预测了。

对于第二种情况的不能转化为线性回归的非线性回归函数, 就要采取其他方法加以处理, 将回归函数按泰勒级数展开, 去线性项就是其中的一种方法。其具体做法如下:

记回归模型函数 $\qquad y = f(x, \beta_1, \beta_2, \cdots, \beta_m) \tag{3-88}$

$b_1, b_2, \cdots, b_m$ 是系数 $\beta_1, \beta_2, \cdots, \beta_m$ 的回归拟合值, 记

$$\delta_i = \beta_i - b_i \quad i = 1, 2, \cdots, m$$

$$\frac{\partial}{\partial \beta_j} = f'_{\beta j}(x, \beta_1, \beta_2, \cdots, \beta_m) \tag{3-89}$$

将回归函数展开为泰勒级数, 取线性项

$$y = f(x, \beta_1, \beta_2, \cdots, \beta_m) \approx f(x, b_1, b_2, \cdots, b_m) + \sum_{j=1}^{m} f'_{\beta j}(x, b_1, b_2, \cdots, b_m) \delta_j \tag{3-90}$$

取最小二乘目标函数

$$
\begin{aligned}
Q &= \sum_{i=1}^{n} [y_i - f(x_i, \beta_1, \beta_2, \cdots, \beta_m)]^2 \\
&\approx \sum_{i=1}^{n} [y_i - f(x_i, b_1, b_2, \cdots, b_m) + \sum_{j=1}^{m} f'_{\beta j}(x_i, b_1, b_2, \cdots, b_m) \delta_j]^2
\end{aligned} \tag{3-91}
$$

令 $\dfrac{\partial Q}{\partial \delta_k} = 0, k = 1, 2, \cdots, m$ 有

$$
\begin{aligned}
\frac{\partial Q}{\partial \delta_k} &= \sum_{i=1}^{n} \Big\{ 2[y_i - f(x_i, b_1, b_2, \cdots, b_m) + \sum_{j=1}^{m} f'_{\beta j}(x_i, b_1, b_2, \cdots, b_m) \delta_j] \\
&\qquad [(-1) f'_{\beta k}(x_i, b_1, \cdots, b_m)] \Big\} \\
&= 2 \Big\{ \sum_{j=1}^{m} [\delta_j \sum_{i=1}^{n} f'_{\beta j}(x_i, b_1, \cdots, b_m) f'_{\beta k}(x_i, b_1, \cdots, b_m)] - \sum_{i=1}^{n} \\
&\qquad [y_i - f(x_i, b_1, \cdots, b_m)] f'_{\beta k}(x_i, b_1, \cdots, b_m) \Big\} = 0
\end{aligned} \tag{3-92}
$$

记 $\quad a_{kj} = \sum_{i=1}^{n} f'_{\beta k}(x_i, b_1, \cdots, b_m) f'_{\beta j}(x_i, b_1, \cdots, b_m) \quad (k, j = 1, 2, \cdots, m)$

$$C_k = \sum_{i=1}^{n} \Big[y_i - f(x_i, b_1, \cdots, b_m) \Big] f'_{\beta k}(x_i, b_1, \cdots, b_m) \quad (k = 1, 2, \cdots, m) \tag{3-93}$$

则有
$$\begin{cases} a_{11}\delta_1 + a_{12}\delta_2 + \cdots + a_{1m}\delta_m = C_1 \\ a_{21}\delta_1 + a_{22}\delta_2 + \cdots + a_{2m}\delta_m = C_2 \\ \quad\vdots \qquad\qquad\quad\vdots \\ a_{m1}\delta_1 + a_{m2}\delta_2 + \cdots + a_{mm}\delta_m = C_m \end{cases}$$ (3-94)

求解时，先选取初始 $b_i(i=1,2,\cdots,m)$ 解出 δ_i，以 $b_i + \delta_i$ 作为新 b_i 再重复计算，直到 δ_i 足够小。

2. 时间序列分析

（1）指数平滑法。从基本原理来说，指数平滑法是一种非统计性的方法。这种方法认为，每个时间序列都具有某种特征，即存在着某种基本数学模式，而实际观测值既体现着这种基本模式，又反映着随机变动。指数平滑法的目标就是采用"修匀"历史数据来区别基本数据模式和随机变动，这相当于在历史数据中消除极大值和极小值，获得时间序列的"平滑值"，并以它作为对未来时期的预测值。它在整个预测过程中，始终不断地用预测误差来纠正新的预测值，即运用"误差反馈"原理对预测值不断修正。

指数平滑法目前已有多种模型，如移动算术平均法、单指数平滑法、二次曲线指数平滑法等，其中，二次曲线指数平滑法略微复杂一些，但对非平稳时间序列的预测相当有效，它能随着时间序列的增长而不断调整预测值。这种方法尤其适宜中、短期预报，一般可以获得较高的预报精度。

二次曲线指数平滑法的计算过程如下：

设当前时期为 t，已知时间序列观测值为 x_1，x_2，$\cdots$，x_t，则 t 时期的单指数平滑值（期望值）S'_t 等于 $t-1$ 时期的期望值 S'_{t-1} 加上 t 时期观测值 x_t 与 S'_{t-1} 之差乘以加权系数 α，即 $S'_t = S'_{t-1} + \alpha(x_t - S'_{t-1})$，也即 $S'_t = \alpha x_t + (1-\alpha)S'_{t-1}$，$x_t$ 为 t 时刻观测值；同理 t 时期的双指数平滑值 S''_t：$S''_t = \alpha S'_t + (1-\alpha)S''_{t-1}$；$t$ 时期的三重指数平滑值 S'''_t：$S'''_t = \alpha S''_t + (1-\alpha)S'''_{t-1}$；于是，$t$ 时期的期望值 A_t 用以上 3 个指数平滑值可表示为：$A_t = 3S'_t - 3S''_t + S'''_t$

t 时期的线性增量为：
$$B_t = \frac{\alpha}{2(1-\alpha)^2}[(6-5\alpha)S'_t - (10-8\alpha)S''_t + (4-3\alpha)S'''_t]$$

t 时期的抛物线增量为：
$$C_t = \frac{\alpha^2}{(1-\alpha)^2}(S'_t - 2S''_t + S'''_t)$$

$t+m$ 时期的预测值 F_{t+m} 为：

$$F_{t+m} = A_t + B_t m + \frac{1}{2} C_t m^2 \qquad (m \geq 1, m \text{ 为正整数})$$

在进行实际预测时，初始值依赖于前两个时期的观测值，需要先确定初始值 S_1'，S_1''，S_1'''。为了方便起见，通常可将初值取为：

$$S_1' = S_1'' = S_1''' = x_1$$

式中，x_1 为观测序列中的第一个值，于是有：

$$\left. \begin{array}{l} S_2' = \alpha x_2 + (1-\alpha) x_1 \\ S_2'' = \alpha S_2' + (1-\alpha) x_1 \\ S_2''' = \alpha S_2'' + (1-\alpha) x_1 \end{array} \right\} \qquad F_{2+m} = A_2 + B_2 m + \frac{1}{2} C_2 m^2 \qquad (3\text{-}95)$$

值得提出的是，平滑常数 α 的选取，一般要运用最小均方差的原则，即在 $0 \sim 1$ 选取不同的值进行预测，分别计算平均误差平方，取其中最小均方差所对应的平滑常数作为正式预测的平滑常数 α。

（2）自回归模型。自回归模型 $AR(n)$ 的一般形式为

$$x_t = \varphi_1 x_{t-1} + \varphi_2 x_{t-2} + \cdots + \varphi_n x_{t-n} + a_t \qquad a_t \sim N(0, \sigma_a^2) \qquad (3\text{-}96)$$

式中，$\{x_t\}$ 为平稳序列，$t = 1, 2, \cdots, n$；x_t 为时间序列 $\{x_t\}$ 在 t 时刻的值；$\{a_t\}$，$(t = 1, 2, \cdots, n)$ 为白噪声序列，a_t 为白噪声序列 $\{a_t\}$ 在 t 时刻的值；$\{\varphi_i\}$ 为自回归系数，表示 x_t 与它以前的时间 x_{t-i}，$(i = 1, 2, \cdots, n)$ 的相关程度。该模型描述了不同时刻的随机变量之间的相依关系。

定义一个平稳、正态、零均值的随机过程 $\{x_t\}$ 的自协方差函数为：

$$R_k = E(x_t x_{t-k}) \qquad (k = 1, 2, \cdots) \qquad (3\text{-}97)$$

当 $k = 0$ 时得到 $\{x_t\}$ 的方差函数 σ_x^2：$\sigma_x^2 = R_0 = E(x_t^2)$；

则自相关函数定义为：$\rho_k = R_k / R_0$。显然，$0 \leq \rho_k \leq 1$。

对于平稳时间序列，如果能够选择适当的 k 个系数 $\varphi_{k1}, \varphi_{k2}, \cdots, \varphi_{kk}$，将 x_t 表示为 x_{t-i} 的线性组合：$x_t = \displaystyle\sum_{i=1}^{k} \varphi_{ki} x_{t-i}$

当这种表示的误差方差

$$J = E\left[\left(x_t - \sum_{i=1}^{k} \varphi_{ki} x_{t-i} \right)^2 \right] \qquad (3\text{-}98)$$

为极小时，则定义最后一个系数 φ_{kk} 为偏自相关函数（系数）。φ_{ki} 的第一个下标 k 表示能满足定义的系数共有 k 个，第二个下标 i 表示是这 k 个系数中的第 i 个。

将式（3-98）分别对 $\varphi_{ki}(i = 1, 2, \cdots, k)$ 求偏导数，并令其等于 0，可得到

$$\rho_i - \sum_{j=1}^{k} \varphi_{kj} \rho_{j-i} = 0 \qquad (3\text{-}99)$$

在上式中分别取 $i = 1,2,\cdots,k$，共可得到 k 个关于 φ_{kj} 的线性方程，考虑 $\rho_i = \rho_{-i}$ 的性质，将这些方程整理并写成矩阵形式为：

$$\begin{bmatrix} \rho_0 & \rho_1 & \cdots & \rho_{k-1} \\ \rho_1 & \rho_0 & \cdots & \rho_{k-2} \\ \vdots & \vdots & & \vdots \\ \rho_{k-1} & \rho_{k-2} & \cdots & \rho_0 \end{bmatrix} \begin{bmatrix} \varphi_{k1} \\ \varphi_{k2} \\ \vdots \\ \varphi_{kk} \end{bmatrix} = \begin{bmatrix} \rho_1 \\ \rho_2 \\ \vdots \\ \rho_k \end{bmatrix} \qquad (3\text{-}100)$$

故可以解出所有系数 $\varphi_{k1},\varphi_{k2},\cdots,\varphi_{kk-1}$ 和偏自相关函数 φ_{kk}。偏自相关函数对 AR 模型最后是否趋近于零的截尾特性可用来判断可否对给定时间序列拟合 AR 模型，并且可以从 $k = 1$ 起，逐步求出所有的系数和偏自相关函数，直到 $\varphi_{kk} \approx 0$ 时，就可以认为 $\{x_t\}$ 为 AR 序列，AR 模型的阶数为 $k - 1$。

通过上面的判断可以确定是否能采用 AR 模型以及采用模型的具体阶数，下面具体来求解自回归模型的参数以及如何进行预测。

设 p 阶自回归模型 AR(p) 的公式为：

$$x_t = \varphi_1 x_{t-1} + \varphi_2 x_{t-2} + \cdots + \varphi_p x_{t-p} + a_t \qquad (3\text{-}101)$$

对于 $k = 1,2,\cdots,p$，方程式两边同乘 x_{t-k}，可得

$$x_t \cdot x_{t-k} = \varphi_1 x_{t-1} \cdot x_{t-k} + \varphi_2 x_{t-2} \cdot x_{t-k} + \cdots + \varphi_p x_{t-p} \cdot x_{t-k} + a_t \cdot x_{t-k}$$

$$(3\text{-}102)$$

$$E(x_t \cdot x_{t-k}) = \varphi_1 E(x_{t-1} \cdot x_{t-k}) + \varphi_2 E(x_{t-2} \cdot x_{t-k}) + \cdots + \varphi_p E(x_{t-p} \cdot x_{t-k})$$

$$(3\text{-}103)$$

也即
$$R_k = \varphi_1 R_{k-1} + \varphi_2 R_{k-2} + \cdots + \varphi_p R_{k-p}$$

故
$$\begin{cases} R_1 = \varphi_1 + \varphi_2 R_1 + \cdots + \varphi_p R_{p-1} \\ R_2 = \varphi_1 R_1 + \varphi_2 R_2 + \cdots + \varphi_p R_{p-2} \\ \vdots \\ R_p = \varphi_1 R_{p-1} + \varphi_2 R_{p-2} + \cdots + \varphi_p R_0 \end{cases} \quad \text{或} \quad \begin{cases} \rho_1 = \varphi_1 \rho_0 + \varphi_2 \rho_1 + \cdots + \varphi_p \rho_{p-1} \\ \rho_2 = \varphi_1 \rho_1 + \varphi_2 \rho_0 + \cdots + \varphi_p \rho_{p-2} \\ \vdots \\ \rho_p = \varphi_1 \rho_{p-1} + \varphi_2 \rho_{p-2} + \cdots + \varphi_p \rho_0 \end{cases}$$

$$(3\text{-}104)$$

这就是著名的 Yule-Walker 方程。根据上面的方程组就可以初步估计得 φ_1，φ_2，$\cdots$，φ_p。

记 $\hat{\varphi}_1$，$\hat{\varphi}_2$，$\cdots$，$\hat{\varphi}_p$ 为 AR(p) 模型中相应系数的估计值，则 AR(p) 模型预测的递推公式为：

$$\hat{x}_t(1) = \hat{\varphi}_1 x_t + \hat{\varphi}_2 x_{t-1} + \cdots + \hat{\varphi}_p x_{t-p+1}$$

$$\hat{x}_t(2) = \hat{\varphi}_1 \hat{x}_t(1) + \hat{\varphi}_2 x_t + \cdots + \hat{\varphi}_p x_{t-p+2}$$

$$\vdots$$

$$\hat{x}_t(p) = \hat{\varphi}_1 \hat{x}_t(p-1) + \hat{\varphi}_2 \hat{x}_t(p-2) + \cdots + \hat{\varphi}_{p-1} \hat{x}_t(1) + \hat{\varphi}_p x_t$$

$$\hat{x}_t(L) = \hat{\varphi}_1 \hat{x}_t(L-1) + \hat{\varphi}_2 \hat{x}_t(L-2) + \cdots + \hat{\varphi}_{p-1} \hat{x}_t(L-p+1) +$$

$$\hat{\varphi}_p \hat{x}_t(L-p) \quad (L > p)$$

（3）滑动平均模型。滑动平均模型 $MA(m)$ 的一般形式为：

$$x_t = a_t - \theta_1 a_{t-1} - \theta_2 a_{t-2} - \cdots - \theta_m a_{t-m} \tag{3-105}$$

式中，a_t, x_t 的意义同上，$\theta_j(j = 1, 2, \cdots, m)$ 为滑动平均参数。

对于有限长度的样本值 $\{x_t\}$（$t = 1, 2, \cdots, N$），其自协方差函数的估计值 $\hat{R}_k$ 和 $\hat{R}_0$ 的计算公式为：$\hat{R}_k = \dfrac{1}{N} \displaystyle\sum_{t=k+1}^{N} x_t x_{t-k}$ 　　$\sigma_x^2 = \hat{R}_0 = \dfrac{1}{N} \displaystyle\sum_{t=1}^{N} x_t^2$

于是，$\hat{\rho}_k = \hat{R}_k / \hat{R}_0$　$(k = 0, 1, 2, \cdots, N-1)$

设 $\{x_t\}$ 是正态的零均值平稳 $MA(m)$ 序列，则对于充分大的 N，$\hat{\rho}_k$ 的分布渐近于正态分布 $N(0, (1/\sqrt{N})^2)$，于是有：

$$p\left\{ |\hat{\rho}_k| \leqslant \frac{1}{\sqrt{N}} \right\} \approx 68.3\% \quad 或 p\left\{ |\hat{\rho}_k| \leqslant \frac{2}{\sqrt{N}} \right\} \approx 95.5\%$$

于是，$\hat{\rho}_k$ 的截尾判断如下：首先计算 $\hat{\rho}_1, \hat{\rho}_2, \cdots, \hat{\rho}_M$（一般 $M < N/4$，常取 $M = N/10$ 左右），因为 m 的值未知，故令 m 取值从小到大，分别检验 $\hat{\rho}_{m+1}, \hat{\rho}_{m+2}, \cdots, \hat{\rho}_M$ 满足

$$|\hat{\rho}_k| \leqslant \frac{1}{\sqrt{N}} \text{ 或 } |\hat{\rho}_k| \leqslant \frac{2}{\sqrt{N}}$$

的比率是否占总个数 M 的 68.3% 或 95.5%。第一个满足上述条件的 m 就是 $MA(m)$ 的阶数。

设 q 阶滑动平均模型 $MA(q)$ 的公式为：

$$x_t = a_t - \theta_1 a_{t-1} - \theta_2 a_{t-2} - \cdots - \theta_q a_{t-q} \tag{3-106}$$

对于时滞 $t - k$，有：$x_{t-k} = a_{t-k} - \theta_1 a_{t-k-1} - \theta_2 a_{t-k-2} - \cdots - \theta_q a_{t-k-q}$

将两者相乘，可以得到：

$$x_t \cdot x_{t-k} = (a_t - \theta_1 a_{t-1} - \theta_2 a_{t-2} - \cdots - \theta_q a_{t-q})$$

$$(a_{t-k} - \theta_1 a_{t-k-1} - \theta_2 a_{t-k-2} - \cdots - \theta_q a_{t-k-q})$$

与 p 阶自回归模型的初步估计公式的推导类似，可得：$k=0$ 时，$R_k = 1$

$$R_k = \frac{-\theta_k + \theta_1\theta_{k+1} + \theta_2\theta_{k+2} + \cdots + \theta_{q-k}\theta_q}{1 + \theta_1^2 + \theta_2^2 + \cdots + \theta_q^2} \quad (0 < k \le q)$$

$$k > q \text{ 时，} R_k = 0$$

分别取 $k=1$，2，$\cdots$，q，建立方程组，可以估计出滑动平均模型的系数。

系数估计出来之后，就可以进行预测了。

（4）自回归滑动平均模型。一般的自回归滑动平均模型 $ARMA(n, m)$ 的表达式为：

$$x_t = \varphi_1 x_{t-1} + \varphi_2 x_{t-2} + \cdots + \varphi_n x_{t-n} + a_t - \theta_1 a_{t-1} - \theta_2 a_{t-2} - \cdots - \theta_m a_{t-m}$$

$$(3\text{-}107)$$

式中，变量的意义见以上的自回归模型和滑动平均模型。其中特殊地取 $\varphi_i = 0$，则变成了 n 阶的自回归模型，$\theta_i = 0$ 则变成了 m 阶滑动平均模型。

$ARMA(n, m)$ 模型是时间序列分析中最具代表性的一类线性模型。它与回归模型的根本区别就在于：回归模型可以描述随机变量与其他变量之间的相关关系。但是，对于一组随机观测数据 x_1，x_2，$\cdots$，x_t，即一个时间序列 $\{x_t\}$，它却不能描述其内部的相关关系；另一方面，实际上，某些随机过程与另一些变量取值之间的随机关系往往根本无法用任何函数关系式来描述。这时，需要采用这个随机过程本身的观测数据之间的依赖关系来揭示这个随机过程的规律性。x_t 和 x_{t-1}，x_{t-2}，$\cdots$ 同属于时间序列 $\{x_t\}$，是序列中不同时刻的随机变量，彼此相互关联，带有记忆性和继续性，是一种动态数据模型。

由上面的分析可以知道，若 $\{\hat{\rho}_k\}$ 和 $\{\varphi_{kk}\}$ 均不截尾，但收敛于零的速度较快，则 $\{x_t\}$ 可能是 $ARMA(n, m)$ 序列，此时阶数 n 和 m 较难确定，一般采用由低阶向高阶逐次试探，如取 (n, m) 为$(1, 1)$，$(1, 2)$，$(2, 1)$，$\cdots$，等，直到经检验认为模型合适为止。

由相关分析识别模型类型后，若是 $AR(n)$ 或 $MA(m)$ 模型，此时模型阶数 n 或 m 已经确定，故可以直接运用上面介绍的参数估计方法求出模型参数；但若是 $ARMA(n, m)$ 模型，此时 n，m 阶数未定，只能从 $n=1$，$m=1$ 开始采用某一参数估计方法对 $\{x_t\}$ 拟合 $ARMA(n, m)$，进行模型适用性检验，如果检验通过，则确定 $ARMA(n, m)$ 为适用模型；否则，令 $n=n+1$ 或 $m=m+1$ 继续拟合直至搜索到使用模型为止。

对所建的 ARMA 模型优劣的检验，是通过对原始时间序列与所建的 ARMA 模型之间的误差序列进行检验来实现的。若误差序列具有随机性，这就意味着所建立的模型已包含了原始时间序列的所有趋势（包括周期性的变动），从而将所建立的模型应用于预测是合适的；若误差序列不具有随机性，说明所建模型还有进一步改进的余地，应重新建模。

误差序列的这种随机性可以利用自相关分析图来判断。这种方法比较简单直观，但检验精度不太理想。博克斯和皮尔斯于 1970 年提出了一种简单且精度较高的模型检验法，这种方法为博克斯-皮尔斯 Q 统计量。Q 统计量可按下式计算：

$$Q = n \sum_{k=1}^{m} R_k^2 \tag{3-108}$$

式中，m 为 ARMA 模型中所含的最大时滞；n 为时间序列的观测值的个数。

对于给定的置信概率 $1 - \alpha$，可查 χ^2 分布表中自由度为 m 的 χ^2 的值 $\chi_\alpha(m)$，将 Q 与 $\chi_\alpha(m)$ 比较。

若 $Q \leqslant \chi_\alpha(m)$，则判定所选用的 ARMA 模型是合适的，可以用于预测。

若 $Q > \chi_\alpha(m)$，则判定所选用的 ARMA 模型不适用于预测的时间序列数据，应进一步改进模型。

对 ARMA 模型的预测可以综合前面介绍的 AR 模型和 MA 模型的预测就可以进行了。

（5）门限自回归模型。门限自回归模型（TAR 模型）其基本思路为：在观测时间序列 $\{x_t\}$ 的取值范围内引入 $l-1$ 个门限值 $r_j(j = 1, 2, \cdots, l-1)$，将时间轴分成 l 个区间，并用延迟步数 d 将 $\{x_t\}$ 按 $\{x_{t-d}\}$ 值的大小分配到不同的门限区间内，然后对不同区间的 x_t 采用不同的 AR 模型来描述，这些 AR 模型的总和完成了对整个时序非线性动态系统的描述。门限自回归模型的一般形式为：

$$x_t = \varphi_0^{(j)} + \sum_{i=1}^{n_j} \varphi_i^{(j)} x_{t-i} + a_t^{(j)}$$

$$r_{j-1} < x_{t-d} \leqslant r_j, \ (j = 1, 2, \cdots, l) \tag{3-109}$$

式中，$r_0 = -\infty$，$r_l = +\infty$。上式的展开形式为：

$$x_t = \varphi_0^{(1)} + \sum_{i=1}^{n_j} \varphi_i^{(1)} x_{t-i} + a_t^{(1)} \qquad -\infty < x_{t-d} \leqslant r_1$$

$$x_t = \varphi_0^{(2)} + \sum_{i=1}^{n_j} \varphi_i^{(2)} x_{t-i} + a_t^{(2)} \qquad r_1 < x_{t-d} \leqslant r_2$$

$$\vdots \qquad\qquad \vdots$$

$$x_t = \varphi_0^{(l)} + \sum_{i=1}^{n_j} \varphi_i^{(l)} x_{t-i} + a_t^{(l)} \qquad r_2 < x_2 \leqslant +\infty$$

其中，$r_j(j = 1, 2, \cdots, l - 1)$ 为门限值；l 为门限区间的个数；d 为延迟步数；$\{a_t^{(j)}\}$ 对每一个固定的 j 是方差为 σ_j^2 的白噪声序列，各 $a_t^{(j)}(j = 1, 2, \cdots, l - 1)$ 之间相互独立；$\varphi_i^{(j)}$ 为第 j 个门限区间内模型的自回归系数；n_j 为第 j 个门限区间内模型的阶数。由于门限自回归模型能有效地描述非线性系统的自激励振动现象，故又被称为自激励门限自回归模型，记为 SETAR $(l; d; n_1, n_2, \cdots, n_j)$。显然，对于 SETAR 模型的特例，当 $l = 1$，$d = 0$ 时，就是 AR 模型。因此可以认为，SETAR 模型实质上是分区间的 AR 模型（线性模型），就是用这些 AR 模型来描述非线性系统。

对于门限自回归模型的建模，简要说明如下：

设 $\{x_t \mid t = 1, 2, \cdots\}$ 是非平稳时间序列，采用 H. Tong（汤家豪）的方法对其建模。基本思路：首先固定一组 d，l，$r_j(j = 1, 2, \cdots, l - 1)$，分别在各区间内从低阶至高阶逐步升阶建立 AR 模型，按 AIC 准则分别确定每一区间的适用模型，从而得到一个 SETAR 模型；然后分别改变 d，l，$r_j(j = 1, 2, \cdots, l - 1)$ 的值，同样再分区间建立 AR 模型以得到 SETAR 模型，比较各种 d，l，$r_j(j = 1, 2, \cdots, l - 1)$ 情况下所建 SETAR 模型的 AIC 值，确定其中 AIC 值最小的模型为适用模型。

利用所建 $SETAR(l; d; n_1, n_2, \cdots, n_j)$ 模型可进行任意的 m 步预报。其中 m 为预报步长。当 $m < d$ 时，已观察到的样本值为 x_{t+m-d}，它属于一个确定的门限区间。因此，对于 x_{t+m} 就可采用相应区间上的 AR (n_j) 模型进行预报：

$$x_{t+m} = \varphi_0^{(j)} + \sum_{i=1}^{n_j} \varphi_i^{(j)} x_{t+m-i} \tag{3-110}$$

当 $m > d$ 时，x_{t+m-d} 是尚未观察到的样本值，可先做预报。因为 x'_{t+1-d} 是已观察到的，x'_{t+1} 是可预报的。然后以 x'_{t+1} 作为 x_{t+1} 的观察值。用同样的方法，求得 x'_{t+2} 作为 x_{t+2} 的观察值，依此类推，便可求得任意的 m 步预报。

3.3.3 监测数据的非线性处理

对于像滑坡体这样的实际非线性系统，尽管不知道描述这些系统的动力模型，但是却知道这些模型的一系列特解，这就是多年来积累的实际观测资料，如果把这些观测资料看成是该动力模型的一系列离散值，解与数值求解相反的问题，即可反演出较为理想的非线性动力学模型。

基本反演方法和建模要点。设系统的状态 q_i 随时间演化的物理规律为

$$\frac{\mathrm{d}q_i}{\mathrm{d}t} = f_i(q_1, q_2, \cdots, q_n); (i = 1, 2, \cdots, n) \tag{3-111}$$

其中，f_i 为 q_1，q_2，$\cdots$，q_n 一般的非线性函数，状态变量的个数 n 可以根据系统的分维来确定（后面介绍）。一般情况下，不知道函数 $f_i(q_1, q_2, \cdots, q_n)$ 的具体形式，但知道式（3-111）的一系列特解，即 $q^{j\Delta t}(j = 1, 2, \cdots, m)$（$m$ 为资料系列的长度），故可知式（3-111）写成差分形式：

$$\frac{q_i^{(j+1)\Delta t} - q_i^{(j-1)\Delta t}}{2\Delta t} = f_i(q_1^{j\Delta t}, q_2^{j\Delta t}, \cdots, q_n^{j\Delta t}); (j = 1, 2, \cdots, m - 1) \tag{3-112}$$

进一步根据物理系统的性质，将 f_i 设为某种非线性函数，并用反演方法确定具体形式和各参数值。

设 $f_i(q_1, q_2, \cdots, q_n)$ 中 G_k 项和相应的 P_k 个参数，$k = 1, 2, \cdots, K$，即 $f_i(q_1, q_2, \cdots, q_n) = \sum_{k=1}^{K} G_k P_k$，且设观测资料能够组成 $M(M = m - 2)$ 个方程，写成向量和矩阵形式有：

$$D = GP \tag{3-113}$$

其中

$$D = \begin{bmatrix} d_1 \\ d_2 \\ \vdots \\ d_M \end{bmatrix} = \begin{bmatrix} \dfrac{q_i^{3\Delta t} - q_i^{\Delta t}}{2\Delta t} \\ \dfrac{q_i^{4\Delta t} - q_i^{2\Delta t}}{2\Delta t} \\ \vdots \\ \dfrac{q_i^{m\Delta t} - q_i^{(m-2)\Delta t}}{2\Delta t} \end{bmatrix}, G = \begin{bmatrix} G_{11} & G_{12} & \cdots & G_{1K} \\ G_{21} & G_{22} & \cdots & G_{2K} \\ \vdots & \vdots & & \vdots \\ G_{M1} & G_{M2} & \cdots & G_{MK} \end{bmatrix}, P = \begin{bmatrix} P_1 \\ P_2 \\ \vdots \\ P_K \end{bmatrix}$$

$$\tag{3-114}$$

式中，G 为 $M \times K$ 阶矩阵，可由非线性多项式变量用观测资料求得。这里给定一个向量 D，要求向量 P 使得式（3-113）满足。对 P 而言，式（3-113）为一线性系统，可以用经典的最小二乘法估计，即使残差平方和

$$S = (D - GP)^{\mathrm{T}}(D - GP) \tag{3-115}$$

取最小值，以获得参数 P，式中 T 表示转置。按最小二乘法准则，不难得到如下正则方程：

$$G^{\mathrm{T}}GP = G^{\mathrm{T}}D \tag{3-116}$$

此时，如果 $G^{\mathrm{T}}G$ 是非奇异矩阵，则可得

$$P = (G^{\mathrm{T}}G)^{-1}G^{\mathrm{T}}D \tag{3-117}$$

问题是方程（3-113）中的 G 常常是奇异矩阵，或者是接近奇异的，当接近奇异时，对误差特别敏感，而恰巧 G 本身并不准确，有较大误差，这就是困难。反演理论可以有助于克服这一困难。

首先计算 $G^{\mathrm{T}}G$，这是一个 K 阶实对称矩阵，特征值都是实数，并且有 K 个线性无关而且正交的特征向量，记特征值为

$$| \lambda_1 | \geqslant | \lambda_2 | \geqslant \cdots \geqslant | \lambda_K | \tag{3-118}$$

设有 L 个不为零的特征值 λ_1，λ_2，$\cdots$，λ_K，而 $K-L$ 个特征值为零（或接近于零），相应于此 L 个特征值的标准化的特征向量可组成一个矩阵 U_L

$$U_L = \begin{bmatrix} U_{11} & U_{12} & \cdots & U_{1L} \\ U_{21} & U_{22} & \cdots & U_{2L} \\ \vdots & \vdots & & \vdots \\ U_{K1} & U_{K2} & \cdots & U_{KL} \end{bmatrix} \tag{3-119}$$

这里 $U_i = (U_{1i}, U_{2i}, \cdots, U_{Ki})^{\mathrm{T}}, (i = 1, 2, \cdots, L)$ 是相应于 λ_i 的特征向量。

再计算 $V_i = \dfrac{1}{\lambda_i} GU_i = (V_{1i}, V_{2i}, \cdots, V_{Mi})^{\mathrm{T}}$，可得矩阵

$$V_L = \begin{bmatrix} V_{11} & V_{12} & \cdots & V_{1L} \\ V_{21} & V_{22} & \cdots & V_{2L} \\ \vdots & \vdots & & \vdots \\ V_{M1} & V_{M2} & \cdots & V_{ML} \end{bmatrix} \tag{3-120}$$

由特征值组成的对角矩阵记为 Λ_L，

$$\Lambda_L = \begin{bmatrix} \lambda_1 & 0 & \cdots & 0 \\ 0 & \lambda_2 & \cdots & 0 \\ \vdots & \vdots & & \vdots \\ 0 & 0 & \cdots & \lambda_L \end{bmatrix} \tag{3-121}$$

则可得到矩阵 $H = U_L \Lambda^{-1} V_L^{\mathrm{T}} D$。于是按

$$P = HD \tag{3-122}$$

可算出参数 P，知道了 $P_k (k = 1, 2, \cdots, K)$，可进一步分析 f_i 中各项 $(G_k P_k)$ 对系统演变的相对贡献大小，剔除那些对系统演变没有作用或是作用很小的无关项，最后得到所要反演的方程组。如果要提高反演模型的精度，还可用原资料序列对剔除无关项以后的方程组再重新进行一次反演。

在利用实际观测资料进行反演非线性动力学模型时，会遇到一些具体困难，

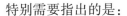

特别需要指出的是：

（1）资料的滤波。由于实际观测资料包含许多因素的共同影响，为了突出系统的主要特征，在进行反演之前必须对原始资料进行滤波处理，尽可能地消除噪声的影响（前面介绍的滤波方法）。

（2）反演的精度。大量试验结果表明，资料序列越长反演精度越高，但对许多具体问题资料序列比较短，为了保证其精度可用如下迭代反演改进方法。

对式（3-113），按最小二乘法准则，可得如下正则方程

$$G^{\mathrm{T}}GP = G^{\mathrm{T}}D$$

由式（3-113）解出得参数 P 作为初始预估解得向量 $P^{(0)} = (P_1^{(0)}, P_2^{(0)}, \cdots, P_k^{(0)})$，用 Gaussian-Sidel 迭代公式

$$P_i^{(T+1)} = P_i^{(T)} + \frac{1}{C_{ii}}\Big(e_i - \sum_{j=1}^{k} C_{ij}P_j^{(T)}\Big)D = GP \tag{3-123}$$

进行迭代，直到满足：

$$|P_i^{(T+1)} - P_i^{(T)}| < E$$

式中，$T = 0, 1, 2, \cdots$ 为迭代次数；C_{ii} 为矩阵 $G^{\mathrm{T}}G$ 的元素（$i = 1, 2, \cdots, k$）；e_i 为矩阵 $G^{\mathrm{T}}D$ 的列元素；E 为允许的绝对误差。

这种方法要求 q_i 满足式（3-111），即右端不显含 t，是一个自洽系统。

（3）观测资料必须标准化（即无量纲化），并要选择适当的特征时间，以便使观测的时间间隔与差分的时间步长一致，如果观测的时间间隔过长，为粗略地近似计算，可用两次观测值进行内插。

（4）对于实际问题，先要进行一定的诊断分析，以便确定选取哪些变量作为 q_i。

3.3.4　监测数据的多理论综合处理

1. 组合灰色神经网络理论

1）建模的思想

对一个变量进行预测，可以选用多种不同的预测模型，每一种预测模型都包含了一定的样本信息，任何单个模型都难以全面地反映变量的变化规律，如果对多种预测模型进行有机合成，就能十分有效地利用多种有用信息，更加全面地反映系统的变化规律，减少随机性，提高预测精度。基于这种考虑，人们提出了一种信息融合的思想。即为了得到更加准确的预测结果，将由多种灰色模型计算所得到的预测数据进行组合或综合处理，以期从中提取更多有用信息，使得结果能

更准确反映事物发展的客观规律。传统上对待这种问题的处理方法就是通过将不同预测模型在组合预测模型中所占的权重进行人工分配。而这种权重的取得主要是由预测专家或该领域的权威通过经验和测评得出，这就使得权重的分配带有很大的经验性和主观性。而神经网络的处理过程接近人类的思维活动，具有高速的并行计算能力，因此可以利用神经网络的办法对不同的灰色预测模型进行组合生成灰色神经网络模型，通过反复学习自动调节参数，可以得出各种模型在组合模型中的合理权重，从而可以输出满意的预测结果。

2）模型的建立

BP神经网络在网络理论和网络性能方面都比较成熟，具有很强的非线性映射能力和柔和的网络结构。在人工神经网络的实际应用中，80%～90%的人工神经网络模型都是采用BP网络或它的变化形式。因此，可以采用BP网络模型进行组合。

（1）神经网络结构。理论上已经证明：具有偏差和至少一个S型隐含层加上一个线性输出层的网络能够逼近任何有理数。增加层数主要可以进一步降低误差，提高精度。但同时也使网络复杂化，从而增加了网络权值的训练时间。因此，综合考虑，整个网络采用三层的BP网络结构，由输入层、隐含层和输出层组成。在有监督方式下学习，实现非线性映射，网络的拓扑结构如图3-3所示。

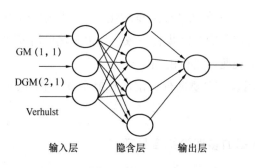

图3-3　组合灰色神经网络拓扑结构图

，该网络主要将GM（1，1）模型、Verhulst模型和DGM（2，1）模型（在灰色系统理论中介绍过）所得的预测值作为3个输入。隐含层神经元个数主要是通过不同神经元个数训练对比，根据预测精度和消耗的时间确定。输出值为通过灰色神经网络组合后的预测值。网络的激活函数为Sigmoid函数：

$$f(x) = \frac{1}{1 + \exp(-x)} \tag{3-124}$$

函数的极限值为0～1。

（2）神经网络实现。

① 将 BP 网络各层间的初始连接权值 $w_{ij}(0)$ 和阈值 $\theta_j(0)$ 随机地赋以$[0,1]$区间的值。

② 输入学习样本。由 GM（1，1）模型、Verhulst 模型和 DGM（2，1）模型所得的预测值序列作为输入，实际的监测数值作为目标输出，对网络进行训练学习，然后进行下面的③、④、⑤步。

③ 通过选用的 Sigmoid 函数计算隐含节点的状态和网络的实际输出

$$O_{pj} = f_j(net_{pj}) = f_j(\sum_{i=1}^{n} w_{ij}O_{pj} - \theta_j)$$

④ 计算网络训练误差

$$\delta_{pj} = O_{pj}(1 - O_{pj})(t_{pj} - O_{pj})（对输出层）$$

$$\delta_{pj} = O_{pj}(1 - O_{pj})\sum_{j=1}^{l} \delta_{pl}w_{jl}（对隐含层）$$

⑤ 修正权值和阈值

$$w_{ij}(n+1) = w_{ij}(n) + \eta\delta_{pj}O_{pj} + \alpha(w_{ij}(n) - w_{ij}(n-1))$$

$$\theta_j(n+1) = \theta_j(n) + \eta\delta_{pj} + \alpha(\theta_j(n) - \theta_j(n-1))$$

式中，η 和 α 为学习参数。

⑥ 计算样本误差

$$E_p = \frac{1}{2}\sum_{i=1}^{n}(t_{pi} - O_{pi})^2$$

其中，t_{pi} 为目标输出，当结果满足设定误差要求时，则停止训练，同时也可以利用该网络对其进行预测了。

2. 灰色神经网络

1）建模的思想

在灰色理论中，离散响应模型是对离散数据进行预测建模，所描述的是一些离散的不连续的点，数学上的微分方程对数据的要求是连续平滑的且不能有间断点。而灰色微分方程对数据的要求比较宽松，只要数据（或累加后数据）符合一定的变化规律就可以建立一个微分方程，这种宽松的要求导致数据预测精度较低。同时传统的人工神经网络模型一般都是基于 BP 算法建立的，该方法虽是一种有效的算法，但也存在严重的不足，如收敛速度慢，存在不少局部最小点，网络的隐含节点个数难以确定等。但是，这两者在处理复杂的不确定性问题方面也具有独特的优势。灰色系统是指信息不完全、不确定的系统。因此，它能处理结构、特征、参数等信息不完备的问题。对于边坡这类工程地质条件复杂、影响因素众多的岩土工程问题，应用灰色系统理论具有一定的优势。同时神经网络具有大规模并行模拟处理、连续时间动力学和网络全局作用等特点，有很强的自适应学习能力，从而可以替代复杂耗时的传统算法，使信息处理过程更接近人类思维活动。利用神经网络的高速并行运算能力，可以实时实现最优信息处理算法。利用神经网络分布式信息存储和并行处理的特点，可以避开模式识别方法中建模和特征提取的过程，从而消除由于模型不符合特征选择不当带来的影响，并实现实时识别，以提高识别系统的性能。因此可以将灰色系统方法与神经网络方法有机结合起来，充分利用两者的优点，互补消除不足。通过对比发现，灰色神经网络与神经网络方法相比：计算量小，在少样本情况下也可以达到较高精度；与灰色系统方法相比：计算精度高，且误差可控。

2）模型的建立

（1）建立灰色模型。灰色系统建模使用最多的是 GM（1，1）模型，它是对原始数据经过一次累加生成的数据序列建立的模型，其微分方程为：

$$\frac{\mathrm{d}x^{(1)}}{\mathrm{d}t} + ax^{(1)} = u \tag{3-125}$$

其中，a 和 u 为待定参数。

（2）建立白化的灰色神经网络模型。设参数已经确定，对微分方程（3-125）求解可得到其时间响应函数：

$$\hat{x}^{(1)}(k+1) = \left[x^{(1)}(0) - \frac{u}{a}\right]\mathrm{e}^{-ak} + \frac{u}{a} \quad (k = 1, 2, \cdots, n) \tag{3-126}$$

白化灰微分方程（3-125）的参数的求解思路是：将方程（3-125）的时间响应函数（3-126）映射到一个 BP 网络中，对这个 BP 网络进行训练，当网络收敛时，从训练后的 BP 网络中提取相应的方程系数，从而得到一个白化的微分方程，对系统进行深层次研究，或对此微分方程求解。要将式（3-126）映射到 BP 网络中，对其做如下变换：

$$\hat{x}^{(1)}(k+1) = \left[x^{(1)}(0) - \frac{u}{a}\right]\exp(-ak) + \frac{u}{a} \quad (k = 1, 2, \cdots, n)$$

对等式两边同时除以 $1 + \exp(-ak)$，并注意到

$$1/[1 + \exp(-ak)] = 1 - 1/[1 + \exp(-ak)]$$

可以得到

$$\hat{x}^{(1)}(k+1) = \left\{\left[x^{(1)}(0) - \frac{u}{a}\right]\frac{1}{1 + \exp(-ak)} + \frac{u}{a} \times \frac{1}{1 + \exp(-ak)}\right\}$$
$$[1 + \exp(-ak)]$$

$$= \left\{ \left[x^{(1)}(0) - \frac{u}{a} \right] \left[1 - \frac{1}{1 + \exp(-ak)} \right] + \frac{u}{a} \times \frac{1}{1 + \exp(-ak)} \right\}$$

$$[1 + \exp(-ak)]$$

$$= \left\{ \left[x^{(1)}(0) - \frac{u}{a} \right] - x^{(1)}(0) \times \frac{1}{1 + \exp(-ak)} + 2 \times \frac{u}{a} \times \right.$$

$$\left. \frac{1}{1 + \exp(-ak)} \right\} [1 + \exp(-ak)]$$

$$(3\text{-}127)$$

经过变换后可将式（3-127）映射到 BP 网络中，其结构图如图 3-5 所示。

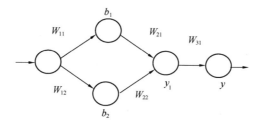

图 3-5　映射的 BP 网络结构图

令 $u/a = b$，则相应的网络权值可进行如下赋值：

$$W_{11} = a \qquad W_{21} = -x^{(1)}(0) \qquad W_{31} = 1 + \exp(-ak)$$

$$W_{12} = a \qquad W_{22} = 2b \qquad\qquad (3\text{-}128)$$

y_1 的阈值设为 $\quad \theta_{y_1} = b - x^{(1)}(0)$

由式（3-127），中间层神经元激活函数取为 Sigmoid 型函数

$$f(x) = \frac{1}{1 + \exp(-x)} \qquad\qquad (3\text{-}129)$$

该函数为 S 型函数，存在一个高增益区，能确保网络最终达到稳定态，其他层激活函数取线性的。

经过式（3-128）赋值及 BP 网络激活函数确定为式（3-129）后，可对网络中各个节点计算为

$$b_1 = f(ak) = \frac{1}{1 + \exp(-ak)} = b_2$$

$$y_1 = b_1 W_{21} + b_2 W_{22} - \theta_{y_1}$$

$$= -x^{(1)}(0) \times \frac{1}{1 + \exp(-ak)} + 2 \times \frac{u}{a} \times \frac{1}{1 + \exp(-ak)} - (b - x^{(1)}(0))$$

$$y = \hat{x}^{(1)}(k+1) = (1 + \exp(-ak)) \times y_1$$

最后一层仅一个节点，其作用是对 y_1 进行放大，使之与式（3-129）相符合。

考虑灰色 BP 网络与灰微分方程（3-125）的对应关系，因此在设计灰色 BP 网络的学习算法时要注意以下几点：①学习算法采用标准 BP 算法，由于有一些神经元所用激活函数为线性的，因此计算误差时要利用线性函数的求导。②由于 $W_{21} = -x^{(1)}(0)$，因此在 BP 网络训练过程中，权值 W_{21} 始终保持不变。③W_{31} 直接由输入 W_{11}、W_{12} 得到，并且连接 $y_1 \rightarrow y$ 只是将误差向前传播到第 3 层，其本身不修改 W_{31}。

第4章 监测采集系统

4.1 监测传感器

安全监测的依据来源于传感器的输出数据，由此看来结构监测系统的根基就是传感器子系统，传感器子系统主要包括各智能传感元件，并通过它们来感知和采集各种环境或监测对象的信息。

在大型结构的监测中，结构构件的应力应变是比较重要的参数。跟踪结构构件施工过程中及服役期的应力应变发展和变化的情况，是了解结构施工及服役过程中形态和受力特征最直接的途径，对结构施工过程及使用阶段关键部位构件的应变情况进行监测，把握结构的应力情况，以确保结构的安全性。

目前，应用于应力应变监测的传感器主要有振弦传感器、光纤光栅传感器和电阻应变传感器等。

4.1.1 振弦传感器

振弦传感器有着独特的机械结构形式并以振弦频率的变化量来表征受力的大小，鲁棒性好是目前国内外普遍重视和广泛应用的一种非电量电测的元件。由于振弦传感器直接输出振弦的自振频率信号，因此，具有抗干扰能力强、受电参数影响小、零点飘移小、受温度影响小、性能稳定可靠、耐振动、寿命长等特点，有着明显的优越性。

1. 振弦式传感器工作原理

振弦式传感器由受力弹性形变外壳（或膜片）、钢弦、紧固夹头、激振和接收线圈等组成。钢弦自振频率与张紧力的大小有关，在振弦几何尺寸确定之后，振弦振动频率的变化量即可反映应力变化情况。振弦式传感器的频率产生机理：当被测量变化时，通过转换元件引起振动系统等效刚度变化，从而改变振弦的固有频率，形成谐振频率随被测量变化而变化的频率特性，通过测量频率的变化，即可得知被测物理量的变化。

（1）两端固定弦线的自由振动规律。为了能够更加明确、清晰地阐明振弦式

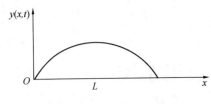

图 4-1　振动弦线式传感器工作原理图

传感器的振动规律，采用数学模型来分析振动弦线的振动状态：假定两端固定的振动弦线具有均匀的线密度，忽略工作状态时振动弦线受到的黏性阻力，取弦的平衡位置为 x 轴，$y(x, t)$ 表示弦上横坐标为 x 的点在 t 时刻的横向位移，如图 4-1 所示。

假定弦线的长度为 L，它的两个端点固定在 $x = 0$ 和 $x = L$ 处，弦线的均匀线密度（单位长度的质量）为 ρ，且弦线内部张力为 S，则弦线的动力学方程可表示为：

$$\frac{\partial^2 y}{\partial x^2} - \frac{1}{v^2}\frac{\partial^2 y}{\partial t^2} = 0 \tag{4-1}$$

$$v \leqslant \sqrt{\frac{S}{\rho}} \tag{4-2}$$

由初始条件：$x = 0$ 和 $x = L$ 处 $y(x, t) = 0$ 代入式（4-1）并求解，可得弦线在各种情况下的运动完整描述为：

$$y(x, t) = \sum_{n=1}^{\infty} A_n \sin\frac{n\pi x}{L}\cos\overline{\omega}_n t \tag{4-3}$$

其中

$$\overline{\omega} = \frac{n\pi}{L}\left(\frac{t}{\mu}\right)^{1/2} = n\overline{\omega}_1 \ (n = 1, 2, 3, \cdots, \infty) \tag{4-4}$$

A_n 为定常系数；频率 $f_n = \dfrac{\overline{\omega}_n}{2\pi}$，则

$$f_n = \frac{n}{2L}\sqrt{\frac{S}{\rho}} \tag{4-5}$$

通过以上分析可知，一根给定张紧弦线的所有振动频率，均为最低可能频率的整数倍，最低频率称为基频，对应频率的振动称为基本振型。由式（4-5）说明，张紧弦线的自由振动是由基本频率的振动和其整数倍频率振动叠加而成的复合振动。

（2）张紧弦线的受迫振动。现在考虑弦线在周期荷载作用下的受迫振动规律，以期得到弦线的振动位置、频率与弦线受迫振动的关系。假设弦线两端固定，在弦的中点（$x = L/2$）处被迫以某任意角频率 ω 及振幅 B 进行横向振动，弦线必须服从下列初始条件：

$$\begin{cases} y(0, t) = 0 \\ y(L, t) = 0 \\ y(L/2, t) = B\cos\omega t \end{cases} \tag{4-6}$$

由于
$$f(x) = A\sin(Kx + \alpha) \tag{4-7}$$

式中，K 称为波数，有 $K = \omega/v$。

所以式（4-7）改为：
$$f(x) = A\sin\left(\frac{\omega x}{v} + \alpha\right) \tag{4-8}$$

由式（4-6）中 $x \approx L$ 的边界条件，有
$$\sin\left(\frac{\omega L}{v} + \alpha\right) = 0$$

$$\frac{\omega l}{v} + \alpha = p\pi \tag{4-9}$$

式中 p 为整数。由式（4-6）中 $x = L/2$ 的边界条件得到
$$B = A\sin\left(\frac{\omega L}{2v} + \alpha\right) \tag{4-10}$$

$$A = \frac{B}{\sin\left(p\pi - \frac{\omega L}{2v}\right)} \tag{4-11}$$

由式（4-11）表明，在弦线中点处的受迫位移具有某给定振幅的情况下，当策动力频率接近于式（4-4）所规定的基频偶数倍时，振幅 A 较大，即整个弦线的响应较大。例如，假设弦线的基频为 600Hz，当在弦线的中点处，以某给定振幅和 1200Hz、2400Hz 等的激振频率激振时，弦线受迫振动的振幅很大；也就是说，在弦线长度 $L/2$ 处施加周期信号激励振弦，容易激发振弦基频偶数倍的振动。更进一步，只要受迫的这个点处在一种固有振动的波节附近时，用微小的策动振幅就能激起巨大的振动来，因此，可以通过选择弦线的合适位置与合适的策动力频率的方法，来激发弦线某一振型的振动。

2. 振弦式传感器激振方式及性能分析

从振弦式传感器的一般结构可知，传感器由激发电路和拾振电路组成，激发电路是施加激振力使弦达到谐振状态，拾振电路完成谐振频率量的拾取。振弦式传感器分单线圈和双线圈两类，单线圈的激振和拾振在同一线圈内进行，而双线圈具有独立的激振和拾振线圈，其优点是激振、拾振信号独立，容易处理；缺点是体积较大，不易布置，故单线圈振弦传感器更为常用。

单线圈振弦式传感器只有一个线圈，其线圈的相对位置是在振弦的中部，也就是在弦长 $L/2$ 处。同理，激振线圈所在的弦长 $L/2$ 处，正是振型 $n = 2(4，8，\cdots)$ 的振弦频率振动的波节位置，此位置容易激发 $n = 2$ 的振型。也就是说，激振线圈放在 $L/2$ 的位置，两倍基频的振动是很容易被激发的。但是，由于拾振

线圈和激振线圈是同一个线圈，拾振时，线圈所在的位置是两倍基频振动的波节位置，对两倍频的拾振是不敏感的。而且，这个位置是基频振动幅度最大的位置，拾振线圈在此处可以最大限度地拾取振弦基频振动在感应线圈中产生的同频率感应电动势。

双线圈振弦式传感器线圈的所在位置大致在整个振弦长的 $L/4$ 和 $3L/4$ 处，由之前的受迫振动弦线的分析可知，激振线圈所在的弦长 $L/4$ 处，正是振型 $n = 4$（8，16，…）的振弦频率振动的波节位置，此位置容易激发 $n = 4$ 的振型。也就是说，激振线圈放在 $L/4$ 的位置时，4 倍基频的振动是很容易被激发的。而拾振线圈所在的弦长 $3L/4$ 处，正好处于 $n = 4$ 振型的波节位置，由于波节所处位置的振动幅度较小，对 $n = 4$ 振型频率的拾振是不太敏感的。也就是说，振型 $n = 4$ 不太可能进入测量过程。但是，此位置位于 $n = 2$ 振型的波腹，倍频振动在此占优势，从而倍频容易进入测量过程，使测量准确度、分辨力大大下降，这也就是双线圈振弦式传感器使用过程中出现的"倍频干扰"。

综上所述，目前常用的两种振弦式传感器在激振和拾振的过程中，对周期性的激振信号，某一振型的容易激发位置在其对应频率振动的波节位置，此位置正是拾振不敏感的位置，两者不能兼顾。但振弦式传感器一般是利用基频测量的，在基频的测量和抑制基频方面，单线圈具有明显优势。

3. 振弦式传感器的特性

振弦式传感器的最大特点就是长期稳定性好，它克服了一般应变传感器稳定性较差的缺点，没有零漂，特别适合长期监测；而且它还具有记忆功能（通过频率间接测量）、受导线长度影响小、温度修正效果明显等特点，下面针对测量中的影响因素（振弦长度、温度与弹性模量）进行分析。

1）长度对测量的影响

这里主要讨论两个方面的问题：一是在振弦长度已定的情况下，由于应变、温度等原因而造成的长度微变化对测量的影响；二是振弦长度的选择对测量的影响。

（1）长度微变化的影响。根据有关理论，当振弦内部存在应变时，或受温度影响会造成振弦长度与内部张力的变化时，则振弦基频公式变为

$$f_1 = \frac{n}{(L + \Delta L)}\sqrt{\frac{(S + \Delta S)}{\rho}} \tag{4-12}$$

式中　f_1——振弦的基频；

　　　ρ——振弦的密度；

　　　L——振弦的长度；

    ΔL——振弦长度的增量；

    S——振弦内部的应变；

$$\frac{L + \Delta L}{L} = 1 + \Delta \varepsilon \times 10^{-6} \cong 1 \qquad (4\text{-}13)$$

可以简化为

$$f_1 = \frac{n}{2L}\sqrt{\frac{(S + \Delta S)}{\rho}} \qquad (4\text{-}14)$$

    由式（4-14）可以看出，振弦自振频率的变化主要由振弦自身张力的变化决定，与长度变化关系不大。

    （2）振弦长度的选择。在式（4-14）中引入比例系数以后，可将其表示为：

$$f_1^2 = \frac{n}{L^2\rho}S = KS \qquad (4\text{-}15)$$

    由式（4-15）可以看出，K 是一个与传感器灵敏度系数同步变化的量，为讨论方便，可以将 K 视为传感器灵敏度系数。则由式（4-15）可知：弦长度的平方与 K 呈反比，长度越小，传感器灵敏度越高；但长度过小，又会导致测量误差升高，使测试精度受到影响。所以一般需要根据实际情况确定振弦长度。一般的振弦应变传感器的长度不会小于100mm。例如，对于混凝土材料来说，要根据其内部骨料的尺寸选择传感器，根据有关资料，当传感器振弦的长度与骨料的尺寸之比 λ 小于 2 时，应变的测量误差达到20%以上，所以选择传感器时 λ 最好大于4。对于金属材料，可以选择较短的传感器，此时为了提高测量精度，可以在弦的中部适当增加质量。

    2）温度对测量的影响

    在温度恒定时，振弦的张力与应变有着确定的关系：当应变产生时，振弦的张力会发生相应变化；但当不产生应变而温度存在变化时，也会使弦的张力产生变化，温度升高，张力降低；温度降低，张力升高。这时人们就无法分辨频率变化是由外界温度变化还是由外界形变（应变）引起的。所以就需要考虑振弦热膨胀和应变同时存在的情况，式（4-16）即为在这种情况下振弦应变传感器的基本运算公式

$$\varepsilon = \frac{ml}{EA} \cdot f^2 + \Delta T\alpha = kf^2 + \Delta T\alpha \qquad (4\text{-}16)$$

式中 ε——振弦传感器产生的应变；

    m——钢弦单位长度的质量；

    E——钢弦的弹性模量；

A——钢弦的截面面积；

α——振弦金属材料的热膨胀系数；

ΔT——温度变化。

振弦式应变传感器在出厂时一般都已经过标定，同一型号的传感器系数 k 相同。一般情况下，要根据实际情况对式（4-16）进行温度修正，除了计算振弦本身的热膨胀外，还应考虑被测物体自身的热膨胀，由此得到温度修正公式

$$\varepsilon = kf^2 + \Delta T\alpha - \Delta T_1\beta \tag{4-17}$$

式中　β——被测材料的热膨胀系数；

ΔT——传感器本身的温度变化；

ΔT_1——被测材料表面的温度变化。

ΔT 与 ΔT_1 往往不相等。一般的传感器产品说明书上都给出式（4-16），但当传感器实际安装时，则应按式（4-17）进行计算。在无荷载的情况下进行读数，此时式（4-17）的左边值应为零，则

$$\beta = \frac{kf^2 + \Delta T\alpha}{\Delta T_1} \tag{4-18}$$

进行式（4-16）和式（4-17）的计算是一项重要的工作，尤其当传感器安装在混凝土表面时，由于环境温度变化较大，会给测试造成很大影响，所以温度修正显得更为重要，如 β 不能进行准确确定，则会产生很大的误差。

3）钢弦弹性模量的影响

对于埋入式的传感器，由弹性模量不一致引起的测量误差公式为：

$$\begin{cases} \dfrac{\varepsilon_m - \varepsilon_r}{\varepsilon_r} \times 100\% = \dfrac{C(1 - E_s/E_c)}{1 + CE_s/E_c} \times 100\% \\ C = \pi(1 - \nu^2)\dfrac{D - \pi(1 - \nu^2)}{2l} \end{cases} \tag{4-19}$$

式中　ε_r——被测物体的真实应变；

ε_m——传感器的计算应变；

E_s——钢弦的弹性模量；

E_c——被测物体的弹性模量；

D——传感器的套筒直径；

ν——被测物体的泊松比。

钢弦的弹性模量 E_s 越高，传感器的灵敏度越高。但由式（4-19）可知，如果钢弦自身刚度大于被测物体刚度，测试结果将偏低，因此，为了减小应变误

差，所以钢弦的弹性模量最好与被测物体一致，然而在实际应用中很难达到应变误差为零的标准。

4. 振弦式传感器选型

1）振弦式应变（应力）计

振弦式应变计由于其独特的优点，应用范围十分广泛，既可用于结构物的应变测试，也可用于荷载位移等的测试。

（1）埋入式应变计。埋入式应变计又称埋入式应变传感器，大部分埋于混凝土或钢筋混凝土等结构中，主要用于结构物内部的应力应变的长期监测，也可用于病害工程采取凿孔（槽）埋入混凝土中，监测病害的发展情况。

埋入式应变计的选取应根据不同的混凝土强度等级选用不同规格的应变计，以使两者合理匹配，避免超载后损坏应变计或灵敏度太低影响测量精度。

当混凝土发生应力应变的变化时，埋设在混凝土内部的应变计同时变化，它根据应变的大小而输出不同的频率，然后根据其输出的频率，用式（4-20）和式（4-21）计算混凝土发生的应力应变的变化。

压：
$$x = (F^2 - f^2 - A) \cdot K \tag{4-20}$$

拉：
$$x = (f^2 - F^2 - A) \cdot K \tag{4-21}$$

式中　x——微应变（$\mu\varepsilon$）；

F——初始频率，即零点频率（Hz）；

f——输出频率（Hz）；

A——标定值；

K——传感器灵敏度系数。

式中的 A 值和 K 值通过标定确定。目前，市场上出售的埋入式应变计的量程基本上都达到了 $3000\mu\varepsilon$，温度范围 $-20 \sim 80℃$。

（2）表面应变计。表面应变计安装在结构物的表面，用于结构物的表面应变和混凝土结构物裂缝发展的监测，目前，市场上出售的表面应变计的量程基本上为 $1000 \sim 3000\mu\varepsilon$，温度范围 $-20 \sim 80℃$。

表面应变计的安装是将应变计固定在与之配套的底座上，底座与结构物之间可用胶粘结、螺栓连接或焊接，生产厂家可根据不同的安装方式提供相应的底座，安装表面应变计时，首先在结构物表面预定位置固定应变计的两块底座。为确保两底座之间的距离与应变计的标距一致，并在同一轴线上，须用与底座配套的定位标准杆定位。应变计安装完成后，应使其初始频率与出厂标定的初始频率值一致。具体方法是先将应变计的一端紧固在底板上，调整另一端的微调螺母，使应变计的初始频率与原出厂标定的值一致，然后扭紧固定螺钉。为保护表面应变传感元件的稳定性，应变计应避免受较大冲击。

（3）钢筋应力计。钢筋应力计也称钢筋应力传感器。常用于监测钢筋混凝土结构中的钢筋应力，也可将其串接起来用于监测隧道及地下结构锚杆的应力分布。钢筋应力计常见规格有 $\phi12$、$\phi14$、$\phi16$、$\phi18$、$\phi20$、$\phi22$、$\phi25$、$\phi28$、$\phi30$、$\phi32$、$\phi35$、$\phi40$ 等。

钢筋应力计埋设时，应将钢筋应力计两端的拉杆焊接在被测钢筋上。焊接面积应不小于钢筋的有效面积，也可采用两根短头钢筋夹在焊点两侧并焊牢。焊接时必须对钢筋应力计进行水冷却，以免由于焊接时的高温传到应力计上，而损坏应力计内部的电子元件。焊接前、后应分别对钢筋应力计的初始频率进行测试，测试结果应和标定表的零点频率相同。

2）振弦式压力计

振弦式压力计主要用于对基础结构工程动、静态进行测试，以了解基础结构的具体受力行为。目前使用的压力计主要有土压力计和孔隙水压力计。

（1）土压力计。土压力计常用的是振弦式土压力计。此压力计属于静态、单向、边界型力传感器。它采用薄板式结构、振弦式传感方式，与带有脉冲激发器的频率仪配合使用，组成完整的量测系统。它适用于静态或缓慢变化状态边界压力的测定，在房屋基础、挡土结构、桥梁墩台、沉井、土坝、隧道、船坞等结构的土压力量测中具有广泛的应用。

土压力计的工作过程：当钢板受力后，通过传力轴将力作用于弹性薄板，使之发生挠曲变形；嵌固在薄板上的两根钢弦柱偏转，使钢弦应力发生变化，弦的自振频率也相应变化；利用钢弦频率仪中的激励装置，使钢弦起振并接收其振荡频率。使用时，按产品出厂时给定的率定表或公式，便可计算出输出频率对应的压力值。

土压力计埋设时，可以直接埋设在预定位置，也可先将压力盒浇筑于混凝土块内再行埋设。

（2）孔隙水压力计。孔隙水压力计主要用于测试软基处理和基础病害整治等工程中的岩石和土壤地下水流动状态与水压力的大小，并把水压力从所监测的总土压力中分离出来；也可用于监测孔隙压力的大小和分布。

孔隙水压力计的工作原理是在通过钢弦计的变形膜一端安装一层透水石结构，使透水石与变形膜之间形成空腔。透水石可以将土壤颗粒与孔隙水分离，使孔隙水进入空腔，水压作用于变形膜上。水压力的大小与钢弦频率的关系通过标定确定。如想利用孔隙水压力计测量温度，可预先标定 $R\text{-}T$ 关系曲线。孔隙水压

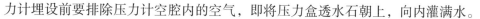

力计埋设前要排除压力计空腔内的空气，即将压力盒透水石朝上，向内灌满水。

（3）其他类型传感器。振弦式传感器还包括荷载计，是采用高强度空芯钢材作为弹性元件，可承受较大的集中荷载。采用3根或4根均布于弹性元件周围的钢弦作为敏感元件，以消除偏载的影响。

其工作方式有连续式或间断式两种，输出信号为频率。就传感器而言，可用于监测隧道和地下结构中锚杆的轴力、钢拱架及其他支撑的反力，基础边坡、挡墙和斜拉桥锚索反力，也可用于桥梁工程一般荷载的监测。

振弦式荷载传感器受力后，受力体发生轴向变化，固定在受力体周围的钢弦产生了松弛，钢弦的内应力发生变化，钢弦的振动频率也随着发生相应的变化。荷载大小与钢弦频率的关系通过标定确定。

此外，变形计与倾角仪也属于振弦式传感器。

4.1.2 光纤光栅传感器

光纤光栅传感器相对于传统监测手段具有体积小、与结构相容性好、灵敏度高、具有线性响应、频带宽、抗电磁干扰能力强、安装方式灵活和可进行长期在线监测等特点，因此广泛用于监测民用结构。新的光纤光栅传感器不断出现，并且已经开始在实际施工中进行如应变、应力、裂纹、振动等对结构安全至关重要的信息监测。

1. 光纤光栅传感器工作原理

（1）光纤的基本结构及传输原理。光纤是由纤芯、包层和涂覆层组成。纤芯的内径是由所需的光波导性能决定的。纤芯的折射率一般略大于保护层，这是光波的传播性质所决定的。当纤芯的折射率 n_1 大于保护层的折射率 n_2 时，在射入光纤的光的入射角大于某一临界值 θ 时，进入光纤的光将不产生散射，这样就可以大大提高光纤传输信号的效率。

基于光纤的传输原理，当光波在光纤涂覆层中传输时，表征光波的特征参量（振幅、相位、偏振态、波长等）会由于被测参量（温度、压力、加速度、电场、磁场等）对光纤的作用而发生变化，从而引起光波的强度、干涉效应、偏振面发生变化，使光波成为被调制的信号光，再经过解调器获得被测参量的变化。

（2）用于测量不同参量的光纤光栅传感原理。光纤光栅传感器的中心与有效折射率的数学关系是研究光栅传感的基础。从麦克斯韦经典方程出发，结合光纤光栅耦合模理论，利用光纤光栅传输模式的正交关系，得到光纤光栅反射波长的基本表达式为：

$$\lambda_\beta = 2n_{eff}\Lambda \qquad (4\text{-}22)$$

式中 n_{eff}——有效反射率；

   Λ——光栅的折射率变化周期；

   λ_β——与光栅的折射率变化周期呈线性关系。

不同波长光纤光栅的应变和温度灵敏度见表4-1。

表4-1 不同波长光纤光栅的应变和温度灵敏度

波长（μm）	应变灵敏度（pm/με）	温度灵敏度（pm/℃）
0.83	0.64	6.8
1.30	1.00	10.0
1.55	1.20	10.3

① 用于温度测量的光纤光栅传感器原理。假设无外力条件下，光栅无应变，当温度变化 ΔT 时，由热膨胀效应引起的光栅周期的变化为：

$$\Delta\Lambda = \alpha \cdot \Lambda \cdot \Delta T \qquad (4\text{-}23)$$

式中 α——光纤的热膨胀系数。

由热光效应引起的有效折射率变化 Δn_{eff} 为：

$$\Delta n_{eff} = \zeta \cdot n_{eff} \cdot \Delta T \qquad (4\text{-}24)$$

式中 ζ——光纤的热光系数，表示折射率随温度的变化率。

联立式（4-22）、式（4-23）和式（4-24）得：

$$\frac{\Delta\lambda_\beta}{\lambda_\beta} = (\alpha + \zeta) \cdot \Delta T = K_T \cdot \Delta T \qquad (4\text{-}25)$$

式中 K_T——光纤光栅的温度系数，由传感器制作工艺及材料特性确定。

② 用于应变测量的光纤光栅传感器原理。如果光栅所处的温度不变，却受到轴向应力作用而产生轴向应变 ε，则在垂直于轴的其他两个方向的应变为 $-\mu\varepsilon$，剪切应力为零，所以光纤所受应变张量为：

$$S = \begin{bmatrix} S_1 \\ S_2 \\ S_3 \\ S_4 \\ S_5 \\ S_6 \end{bmatrix} = \begin{bmatrix} -\mu\varepsilon \\ -\mu\varepsilon \\ \varepsilon \\ 0 \\ 0 \\ 0 \end{bmatrix} \qquad (4\text{-}26)$$

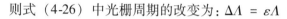

则式（4-26）中光栅周期的改变为：$\Delta\Lambda = \varepsilon\Lambda$

光纤的有效折射率的变化为：$\Delta n_{\text{eff}} = \dfrac{n_{\text{eff}}^3}{2}\big[\mu P_{11} - (1-\mu)\big]P_{12}$

其中，P_{11} 为 x 轴方向产生的极化强度，P_{12} 为 y 轴方向产生的极化强度。

定义有效弹光系数为：$P_e = \dfrac{n_{\text{eff}}^2}{2}\big[P_{12} - \mu(P_{11} + P_{12})\big]$

则可得
$$\frac{\Delta\lambda_\beta}{\lambda_\beta} = \frac{\Delta\Lambda}{\Lambda} + \frac{\Delta n_{\text{eff}}}{n_{\text{eff}}} = (1 - P_e)\varepsilon \tag{4-27}$$

P_e 为光纤材料的弹光系数，是在传感器制作时由制作工艺及材料特性确定的。按照式（4-27），即可根据 λ_β 确定应变值 ε。

③ 用于应力计算的光纤光栅的原理。根据测得的应变 ε，即可计算出应力值：

$$\sigma = E\varepsilon \tag{4-28}$$

式中 E——被测对象的弹性模量。

④ 应变和温度共同影响。通常情况下，应变传感器的波长会受到应变和温度共同影响，当温度与应变同时发生变化时，忽略温度和应变之间的交叉敏感，可得以下近似关系：

$$\frac{\Delta\lambda_\beta}{\lambda_\beta} = (\alpha + \zeta) \cdot \Delta T = (1 - P_e)\varepsilon \tag{4-29}$$

2. 光纤光栅传感器主要优点

（1）传感器属于无源器件，可靠性高，不受雷电和其他电磁干扰的影响。

（2）传感器传输频带较宽。通常系统的调制带宽为载波频率的百分之几，光波的频率较传统的位于射频段或者微波段的频率高几个数量级，因而其带宽有很大提高。这样也就易于实现时分或者频分多路复用，用于大容量信息的实时测量，使大型结构的健康监测成为可能。

（3）波长移动与应变的比例因子是恒定的，没有零点漂移的问题，能进行长期测量；灵敏度高。光纤传感器采用光测量的技术手段，一般为微米量级。

（4）许多传感器可以沿着光纤多通道应用，并可通过单独的引线进行单独的询问。能够用一根光纤测量结构上空间多点或者无限多自由度的参数分布，是传统的机械类、电子类、微电子类等分立型器件无法实现的功能，因此是传感器技术的新发展。

3. 光纤光栅传感器的分类与选型

应变监测是反映结构物、杆件等力学特征的重要参数之一，结构监测的前提是从结构中提取能反映结构特征的参数。最能反映局部结构特征，便于结构安全评价与损伤定位的是应变信号。从应变监测的数据中可以分析出构件的承载力储备信息，确定在不同的工况下，构件、结构物所受的实际荷载及局部应力集中的情况。所以说应变是重要工程结构健康监测最为重要的参数之一。大量的研究和实践，已将应变测量聚焦在光纤光栅传感技术上。常用的光纤光栅应变传感器有以下几种：

（1）光纤光栅表面应变计。用于各种金属或其他固体结构表面进行静态或动态应力应变监测，可以通过焊接或利用附加部件固定安装到金属结构及其他固体表面，大量程表面应变计也可通过粘贴方式将传感器固定在结构表面。该应变计主要用于监测结构表面的应力和变形。

（2）光纤光栅埋入式应变计。光纤光栅埋入式应变计及无应力计可埋设在水工建筑物及其他混凝土建筑物内，测量混凝土的总应变，也可用于浆砌块石水工建筑物或基岩的应变测量。根据混凝土的弹性模量计算结构物的应力，并可选配光纤光栅温度传感器兼测埋设点的温度。

（3）光纤光栅温度传感器。温度也是科学研究中经常监测和控制的主要物理量之一，传统的热电偶温度传感器和热敏电阻温度传感器易受电磁辐射干扰，精度低，且长期稳定性较差，无法在强磁辐射等恶劣环境中应用。由于温度可以直接影响光纤光栅的波长，且两者具有线性关系，利用光纤光栅的温度敏感性则可制作高精度光纤光栅温度传感器。

光纤光栅温度传感器适用于不同结构表面或内部的温度测试，被广泛应用在桥梁、大坝、海洋石油平台、输油输气管道等大型结构及建筑，以及电力、军工、消防、矿业、航空航天等领域大型设施或设备的准分布式精确测温。分布式测温时测点多、精度高、范围广、不受电磁干扰、耐腐蚀。

（4）光纤光栅位移传感器。在监测工程中，常用的位移传感器是应变式的位移传感器。可以进行工程试验中的静态位移测量。由于其核心原理为弹性体（弹性元件）在外力作用下产生变形，使粘贴在其表面的电阻应变片（转换元件）也随同产生变形，电阻应变片变形后，它的阻值将发生变化（增大或减小），再经相应的测量电路把这一电阻变化转换为电信号（电压或电流），从而完成了将外力变换为电信号的过程。

光纤光栅作为一种性能优良的传感元件。它具有灵敏度高、抗电磁辐射能力强、光路可弯曲、便于实现远距离测量的优点；由于采用波长编码技术消除了光源功率波动及系统损耗的影响，适用于长期监测；如果传感系统由多个光纤光栅组成，采用一根主电缆，便可以实现准分布式监测。

光纤光栅单点、多点位移计可以直接安装在钻孔里，灌浆锚固非常容易。在孔径为 76mm 的孔中，最多可在不同深度安装 6 个锚头，监测不同深度多个滑动面和区域的变形或沉降位移。适用于公路或铁路路基、填土或其他类似结构的土体沉降监测。光纤光栅位移传感器可实现远程遥测，结构简单，安装方便快捷。适合在恶劣的环境下长期监测建筑物、地基、边坡的分层位移变化。

（5）光纤光栅压力传感器。光纤光栅压力传感器由光纤光栅元件将被测压力信号转换成光信号输出，信号传输到光纤光栅分析仪显示压力值，主要用于测量土方和堤坝的总压力、混凝土或钢结构与土体接触面的土压力、挡土墙上的土压力等，广泛应用于建筑、大坝、隧道等工程领域。光纤光栅土压力计与传统压力传感器相比，有其独特的优点：利用光纤光栅波长变化量测量压力值，电气绝缘好，不受电磁干扰影响，耐腐蚀，无电火花，可以在易燃易爆的环境中工作。

（6）光纤光栅式加速度传感器。一般的电测加速度传感器基于电阻、压电、压阻、电容等原理工作。利用了加速度会产生惯性力，而惯性力会产生电压、电流、电容的变化，只要计算出产生电压、电流、电容和所施加的加速度之间的关系，就可以将加速度转化成电压、电流、电容的输出。当然，还有很多其他方法来制作加速度传感器，如热气泡效应、光效应，但是其最基本的原理都是由于加速度使某个介质产生变形，通过测量其变形量并用相关电路转化成电压输出。这些传感器容易受到电磁场的干扰。另外，一个传感器对应一个通道，使得测点多时布线困难。

基于光纤光栅式加速度传感器可以避免电磁场的干扰，并且能够远距离传输信号而无须额外的信号放大装置，测量精度高。同时，光纤光栅系统因其具有的独特的波分复用能力，可大大减少布线的工作。

（7）光纤光栅式裂缝计。光纤光栅式裂缝计固定在裂缝或接缝两侧，主要用于监测民用建筑、水利工程等结构裂缝或接缝的开合度和变化情况，进行及时预警。安装时利用两端的固定部件跨缝布置在被监测点上。光纤光栅式裂缝计通过光纤光栅反射光的中心波长相对变化量来监测裂缝发展的情况及裂缝大小。

4.1.3　压电传感器

压电元件具有体积小、质量轻、频响和灵敏度高、重复性好等特点，因此既可用于制作传感器，又可用于制作驱动器，便于对系统进行主动监测，适用于各种动态力、机械冲击与振动的测量，在声学、医学、力学、航空航天等方面都得到了广泛应用。

1. 压电传感器的工作原理

压电传感器的工作原理是基于某些介质材料的压电效应。当压电元件受到外力发生变形后，其内部就会出现电极化，在它的两个表面上产生符号相反的电荷，当外力去掉后，元件又重新恢复到不带电状态，这种现象称压电效应。当作用力方向改变时，电荷的极性也随之改变。人们把这种机械能转化为电能的现象，称为"正压电效应"。相反，当在电解质极化方向施加电场，这些电解质也会产生变形，这种现象称为"逆压电效应"（电致伸缩效应）。

2. 压电材料工作机理

压电材料的主要特性参数如下：

（1）压电常数：压电常数是衡量材料压电效应强弱的参数，它直接关系压电输出的灵敏度。

（2）弹性常数：压电材料的弹性常数或刚度决定着压电器件的固有频率和动态特性。

（3）介电常数：对于一定形状、尺寸的压电元件，其固有电容与介电常数有关；而固有电容又影响着压电传感器的频率下限。

（4）机电耦合系数：其值等于转换输出量（如电能）与输入能量（如机械能）之比的平方根；它是衡量压电材料机电能量转换效率的一个重要参数。

（5）电阻：压电材料的绝缘电阻将减少电荷泄漏，从而改善压电传感器的低频特性。

（6）居里点：压电材料开始丧失压电特性的温度称为居里点。

3. 压电材料的压电效应

压电材料可以分为两大类：压电晶体和压电陶瓷。

1）石英晶体的压电效应

石英晶体化学分子式为 SiO_2，是单晶体结构，它是一个正六面体，石英晶体各个方向的特性是不同的。其中纵向轴 z 称为光轴，经过六面体棱线并垂直于光轴的 x 轴称为电轴，与 x 和 z 轴同时垂直的 y 轴称为机械轴。通常把沿电轴 x 方向的力作用下产生电荷的压电效应称为"纵向压电效应"，而把沿机械轴 y 方向的力作用下产生电荷的压电效应称为"横向压电效应"，而沿光轴 z 方向受力时不产生压电效应。

石英晶体的压电效应，是由其内部分子结构决定的。下面就作用力与电荷的关系进一步推导出压电传感器的测量原理。

当沿电轴 x 方向施加应力 σ_x 时，晶片将产生厚度变形，并发生极化现象。在晶体线弹性范围内，极化强度 P_{11} 与应力 σ_x 呈正比，即

$$P_{11} = d_{11}\sigma_x = d_{11}\frac{F_x}{bc} \tag{4-30}$$

式中　d_{11}——压电系数，下标的意义为产生电荷的面的轴向及施加作用力的轴向；

b、c——石英晶片的长度和宽度。

而 P_{11} 在数值上等于晶面上的电荷密度：

$$P_{11} = \frac{q_x}{bc} \tag{4-31}$$

将式（4-30）和式（4-31）联立，得：

$$q_x = d_{11}F_x \tag{4-32}$$

反之，若沿 x 轴方向对晶片施加电场，电场强度大小为 E_x。根据逆压电效应，晶体在 x 轴方向将产生伸缩，即

$$\Delta b = d_{11}U_x \tag{4-33}$$

$$U_x = \frac{q_x}{C_x} = d_{11}\frac{F_x}{C_x} \tag{4-34}$$

也可用相对应变表示为：$\dfrac{\Delta b}{b} = d_{11}\dfrac{U_x}{b} = d_{11}E_x$

若在同一切片上，沿机械轴 y 方向施加应力 σ_y，则仍在与 x 轴垂直的平面上产生电荷 q_y，其大小为：

$$q_y = d_{12}\frac{ac}{bc}F_y = d_{12}\frac{a}{b}F_y \tag{4-35}$$

根据石英晶体轴对称条件：$d_{11} = -d_{12}$，则

$$q_y = -d_{11}\frac{a}{b}F_y \tag{4-36}$$

反之，若沿 y 轴方向对晶片施加电场，根据逆压电效应，晶片在 y 轴方向将产生伸缩变形，即 $\Delta b = -d_{11}\dfrac{a}{b}U_x$，其中 b 为晶片厚度，a 为晶片长度。

$$U_x = \frac{q_y}{C_x} = -d_{11}\frac{a}{b}\frac{F_y}{C_x} \tag{4-37}$$

$$\frac{\Delta a}{a} = -d_{11}E_x \tag{4-38}$$

因此：

① 当晶片受到 x 轴方向的压力作用时，q_x 只与作用力 F_x 呈正比，而与晶片的几何尺寸无关。

② 沿机械轴 y 方向向晶片施加压力时，产生的电荷与几何尺寸有关。

③ 石英晶体不是在任何方向都存在压电效应。

④ 晶体在哪个方向上有正压电效应，则在此方向上一定存在逆压电效应。

⑤ 无论是正或逆压电效应，其作用力（或应变）与电荷（或电场强度）之间皆呈线性关系。

2）压电陶瓷的压电效应

压电陶瓷是人工制造的多晶体压电材料。材料内部的晶粒有许多自发极化的电畴，它有一定的极化方向，从而存在电场。在无外电场作用时，电畴在晶体中杂乱分布，它们各自的极化效应被相互抵消，压电陶瓷内极化强度为零。因此，原始的压电陶瓷呈中性，不具有压电性质。在陶瓷上施加外电场时，电畴的极化方向发生转动，趋向于按外电场方向进行排列，从而使材料得到极化。外电场越强，就有更多的电畴更完全地转向外电场方向。让外电场强度使材料的极化达到饱和程度，即所有电畴极化方向都整齐地与外电场方向一致时，当外电场去掉后，电畴的极化方向基本不变化，即剩余极化强度很大，这时的材料就具有压电特性。遇极化处理后陶瓷材料内部仍存在有很强的剩余极化，当陶瓷材料受到外力作用时，电畴的界限发生移动，电畴发生偏转，从而引起剩余极化强度的变化，因而在垂直于极化方向的平面上将出现极化电荷的变化。这种因受力而产生的由机械效应转变为电效应，将机械能转变为电能的现象，就是压电陶瓷的正压电效应。电荷量的大小与外力呈正比关系：

$$q = d_{33}F_x \tag{4-39}$$

式中　q——电荷量大小；

　　　d_{33}——压电陶瓷的压电系数；

　　　F_x——外作用力。

4. 压电传感器的应用

（1）压电式测力传感器。压电式单向测力传感器的结构主要由石英晶片、绝缘套、电极、上盖及基座等组成。传感器上盖为传力元件，它的外缘壁厚为 0.1 ~ 0.5mm，当外力作用时，它将产生弹性变形，将力传递到石英晶片上。石英晶片采用 xy 切型，利用其纵向压电效应，通过 d_{11} 实现力-电转换。

（2）压电式加速度传感器。压电式加速度传感器主要由压电元件、质量块、预压弹簧、基座及外壳等组成。整个部件装在外壳内，并用螺栓加以固定。当加速度传感器和被测物一起受到冲击振动时，压电元件受质量块惯性力的作用。此时惯性力 F 作用于压电元件上，因而产生电荷 q，当传感器选定后，m 为常数，则传感器输出电荷为：

$$q = d_{11}F = d_{11}ma \tag{4-40}$$

电荷 q 与加速度 a 呈正比。因此，测得加速度传感器输出的电荷便可知加速度的大小。

（3）压电传感器在土木结构监测中的应用。在土木结构中，主要从两个方面来应用压电传感器进行结构损伤监测，一是通过压电传感器来感知结构受力状态的改变，通过计算和分析对结构的受力变化和损伤进行预测；二是通过分析结构动态特性，如振动频率的改变和振型的变化来预测结构的变化和损伤。这两种方式可以为结构的安全评定与损伤定位提供有用的信息，从而实现土木工程结构的长期、实时健康监测。

压电式传感器在土木工程结构中应用较多的是在桥梁工程中。由于桥梁结构频率比较低，首先应考虑传感器系统的低频特性。压电传感器只适用于一定的频率范围；其下限频率取决于电信号放大器的低频特性，上限频率与安装固定的方式有关，通常达 2000Hz 以上，因此上限频率通常都能满足要求。压电式传感器系统通常适用于中、小跨度的桥梁动测、斜拉桥索力监测等，而不太适合大跨度桥梁的模态测试。除频率范围外，还应考虑电荷灵敏度。

由于机械加工误差及晶体片极化轴不规则等因素，使得压电式传感器的实际灵敏度轴线方向偏离了名义灵敏度的轴线方向，造成传感器产生横向灵敏度变化。横向灵敏度不仅影响幅值测量，还影响相位测量，因此测试中应将横向灵敏度最小的方向对准横向振动较大的方向，以减小其不利影响。如测桥面竖向振动时，应将横向灵敏度最小方向对准横桥向。

压电式传感器属于高内阻弱信号传感器，因此，引线、屏蔽和接地必须十分仔细，否则将带来很大的干扰信号，甚至无法测量。压电式加速度计一般是单端输出，即信号线中的一股兼作地线，且与外壳相连。因此，如果外壳随测试对象接地，而电荷放大器及分析仪又各自接地时，则会造成信号通道上的多点接地而形成地回路，造成干扰信号。为防止形成地回路，正确的接地原则是整个测量系统的信号通道上只有"单点落地"。这样就要求传感器与测试对象绝缘，放大器与分析仪器单点接地。

4.1.4 碳纤维传感器

碳纤维是在一定条件下，将聚合物纤维燃烧，所获得的具有接近于完整分子结构的碳长链，通常单股碳纤维的直径为 $7 \sim 30 \mu m$。

碳纤维是 20 世纪 60 年代初发展起来的一种新型材料，在建筑中的应用始于 20 世纪 70 年代。它是一种高强度、高模量的轻质非金属新型材料，既具有碳元素的各种优良性能，又具有纤维的柔韧性，可进行编织加工和缠绕成型。碳纤维还具有良好的耐磨性、高导电性、耐低温性、润滑性和吸附性。因此，碳纤维除了可以作为结构材料承载负荷外，自身电阻还能反映结构状态，因此可以作为传感元件发挥作用。

碳纤维传感器具有如下特点：弹性模量大、强度高、密度小，强度比钢材大 16 倍左右；高温和低温性能好，碳纤维可以在 $-180 \sim 2000 ℃$ 环境下使用；具有较好的化学稳定性；热膨胀系数小，导热系数高，能够适应急冷急热环境；具有导电性，直径为 $7 \mu m$ 的碳纤维电阻率约为 $10 k \Omega \cdot cm$。

1. 碳纤维传感器原理

碳纤维传感器就是利用碳纤维的上述特点和它的导电性原理来工作的，由于碳纤维具有高的强度和弹性模量，接触电阻会随着压力的变化而连续变化，在碳纤维复合材料中，碳纤维的纤维束之间组成了接触点，因此可以利用接触点的特性制成碳纤维传感元件。

2. 碳纤维在结构监测中的应用

目前，碳纤维主要是以与混凝土组成复合材料的形式在结构监测中加以使用的。碳纤维混凝土（Carbon Fiber Reinforced Cement，CFRC）是以短切或连续的碳纤维为填充相，以水泥浆、砂浆或混凝土为基体复合而成的纤维增强水泥基复合材料。这种复合材料的电阻率与其应变和损伤状态具有一定的对应关系，因此可以通过测试碳纤维混凝土电阻率的变化来监测其应变和损伤情况。

由于碳纤维具有导电性，因此由碳纤维和碳纤维之间未水化的水泥颗粒、水化产物、缺陷裂纹等阻隔所形成的势垒构成了具有一定电阻的导电网络。不同碳纤维的种类、形状、尺寸、掺量、与水泥浆体的相容性和材料的复合方法等都会影响这种导电网络的电阻，从而影响其导电性。试验表明：碳纤维的掺量存在一个极限值，当碳纤维的掺量超过该极限值时，碳纤维混凝土的电导率急剧增加，达到一定值后，逐渐趋于稳定。

随着压应力的变化，碳纤维混凝土的电阻率也会产生相应的变化，即碳纤维混凝土具有压敏性。通过试验可以建立碳纤维混凝土压应力-电阻率关系曲线（图4-2）。压应力-电阻率关系曲线表明：通过电阻率的变化可以测定碳纤维混凝土所处的安全、损伤和破坏 3 个工作阶段。

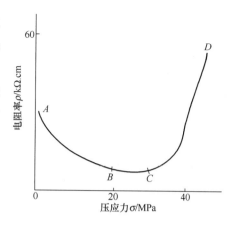

图 4-2 碳纤维混凝土压应力-电阻率关系曲线

当压应力较小时，电阻率随压应力的增加而减小，这是由于混凝土内原有裂纹在压应力作用下闭合，纤维间的势垒变窄所致。此时，混凝土材料处在正常工作范围。随着压应力的增大，一方面混凝土中开始产生损伤和新的裂纹，另一方面原有裂纹还在闭合之中，它们处于一种动态平衡状态。因此，此阶段电阻率基本没有变化，但混凝土材料已开始出现损伤。随着压应力的进一步增大，混凝土的损伤和新的裂纹加剧，碳纤维混凝土的电阻率迅速增大。从碳纤维混凝土压应力-电阻率关系曲线可知，通过电阻率的变化可以测定碳纤维混凝土处于安全、损伤和破坏 3 个工作阶段中的哪一阶段。通过测试碳纤维混凝土电阻率的变化并与计算机相连，可直接反映其所在结构部分混凝土所处的工作状态，实现结构工作状态的在线监测。当结构内的应力接近损伤区或破坏区时可自动报警。这就是具有自诊断功能的碳纤维压敏混凝土结构，它们可以应用于大坝、桥梁及重要的建筑结构。目前已在长江三峡工地的围堰上得到应用，并取得较好的效果。

对于需要内置钢筋作为加强材料的混凝土结构，为了保持钢筋的连续性，它可能要穿过碳纤维混凝土部分。这时，必须对穿越碳纤维混凝土部分的钢筋进行表面绝缘处理，以便使通过碳纤维混凝土部分进行监测的电流不进入钢筋中，保证监测的正确性。

4.2 监测传感元件

结构健康监控系统的功能元件有两类，一类是对结构的参数或状态敏感的元件，称为传感元件，这类器件可以测试外界的应力、应变、位移、挠度、温度、湿度、声、光、电、磁、化学场，输出相应的电信号；另一类是可以对结构的状态或损伤产生作用的元件，如产生力、位移、应变、温升等，这类元件称为驱动元件。结构健康监控系统中常用的传感元件有光纤元件、压电元件、疲劳寿命元件、电阻应变元件等，其中压电元件既可作传感元件，也可作驱动元件。本章主要对上述元件进行介绍。

4.2.1 光纤传感元件

由于光纤传感元件具有质量轻、可在同一根光纤上实现多点测量、抗电磁干扰、耐腐蚀、易于埋入结构等优点，一直是结构健康监控系统中广泛采用的一种传感器。光纤传感器的基本原理是将光源的光输入光纤，并经光纤传输至调制区，在调制区内，外界被测参数与进入调制区的光相互作用，使光的光学性质如光的强度、波长、频率、相位等发生变化而形成被调制的信号光，再经光纤送入光探测器、解调器而获得被测参数。

光在光纤中常采用 6 种方法进行调制，下面介绍其基本原理。

1. 强度调制

当外界因素变化导致光纤中光强发生变化时，可以通过测量光强的变化来测量外界物理量，这种调制方法称为强度调制。强度调制是光纤传感中最早使用也是最常使用的方法，其特点是技术简单、可靠、成本低。

2. 波长调制

利用外界因素改变光纤中传输光的波长，通过检测波长的变化来测量物理量，称为波长调制。波长调制的优点在于它对发光管、光敏管等元件在光强度上的不稳定不敏感，而且易于实现一根光纤进行多点测量；其缺点是解调技术比较复杂。

3. 频率调制

利用外界因素的变化对光频率进行调制的方法称为频率调制。频率调制通常基于多普勒效应。

4. 相位调制

利用外界参数对光波的相位进行调制的方法称为相位调制。光纤中光波的相位由光纤波导的物理长度、折射率及其分布、波导横向几何尺寸决定。通常，压力、张力、温度等外界物理量能直接改变上述 3 个波导参数。由于光探测器只能测量光强的变化，必须通过干涉的方法将相位变化转变为光强变化，这种方法具有较高的灵敏度。

5. 偏振态调制

利用外界因素改变光的偏振特性，通过检测光的偏振态变化来检测物理量，称为偏振态调制。在光纤传感中，偏振态调制主要基于人为旋光现象和人为双折射，如法拉第磁光效应、克尔电光效应、光弹效应等。

6. 分布调制

分布调制是指外界信号场以一定的空间分布方式对光纤中的光波进行调制，在一定的测量域中形成调制信号谱带，通过检测调制信号谱带即可测出外界信号场的大小和空间分布。目前发展较快的有两种，一种是以光纤的后向散射光或前向散射光损耗时域检测技术为基础的光时域分布式光纤传感系统；另一种是以光波长检测为基础的波域分布式光纤传感系统。

4.2.2　压电传感元件

压电传感元件具有频响高、重复性好，既可用作传感器又可用作驱动器，便于实现主动监测系统等优点，在结构健康监控系统中，也是应用非常广泛的一种元件。

1. 压电效应

压电元件的工作主要依据压电效应。压电元件受到机械应力处于应变状态时，其材料内部会引起电极化和电场，其值与应力的大小呈比例关系，其符号取决于应力的方向，这种现象称为正压电效应。逆压电效应则与正压电效应相反，当材料在电场的作用下发生电极化时，则会产生应变，其应变值与所加电场的强度呈比例关系，其符号取决于电场的方向，此现象称为逆压电效应。

正压电效应一般有 3 种形式，分别称为纵向效应、横向效应和剪切效应。对于纵向效应，力的作用方向与形成的电场方向一致；对于横向效应，力的作用方向与形成的电场方向垂直；对于剪切效应，产生电场的力是剪切力。

2. 压电元件的分类

在结构健康监控系统中，常用的压电元件主要有压电陶瓷和压电薄膜。随着压电元件在智能结构中的广泛应用，目前很多新型的压电材料及压电元件也不断出现，包括压电陶瓷、压电薄膜、压电单晶材料、压电复合材料等。

（1）压电陶瓷。压电陶瓷是一种经极化处理后的人工多晶铁电体。它是以钙钛矿型的钛酸钡（$BaTiO_3$）、钛酸铅（$PbTiO_3$）、锆钛酸铅系列（$PbTiO_3$-$PbZrO_3$）和铌酸盐系列（KbO_3-$PbNb_2O$）等为基本成分，将原料粉碎、成型，通过 1000℃ 以上的高温烧结得到的多晶铁电体。原始的压电陶瓷材料并不具有压电性，在这种陶瓷材料内部具有无规则排列的"电畴"。为使其具有压电性，就必须在一定温度下进行极化处理。所谓极化，就是对压电陶瓷材料施加高电场，使得其内部"电畴"规则排列，从而呈现压电特性。极化电场去除后，压电元件仍能具有较强的剩余极化强度，从而具有了压电性能。

压电陶瓷的特点：压电常数大，灵敏度高；制造工艺成熟，可通过合理配方和掺杂等人工控制来达到所要求的性能；成型工艺性也好，成本低廉，利于广泛应用。

（2）压电薄膜。压电薄膜是经延展拉伸和电极化后具有压电效应的高分子聚合物，如聚氟乙烯（PVF）、聚偏氟乙烯（PVF$_2$）、聚氯乙烯（PVC）等。这些材料的独特优点是质轻柔软，抗拉强度较高，蠕变小，耐冲击，体电阻率达 $10^3\Omega\cdot cm$，击穿强度为 $150\sim200kV/mm$，热释电性和热稳定性好，且便于批量生产和大面积使用。

（3）压电单晶。天然石英材料是本身就具有压电特性的单晶材料。石英是 SiO_2 材料，内部每个晶体单元中都有 3 个硅离子和 6 个氧离子，它们分布在正六边形的顶点上，形成 3 个互为 120° 夹角的电偶极矩。正常情况下，电偶极矩的矢量和为零，晶体表面不带电荷。受力情况下，晶体发生变形，电偶极矩发生变化，原有的平衡状态被打破，造成晶体表面出现电荷。石英晶体是各向异性材料，通过不同的切型可获得不同特性的压电元件。石英压电元件具有很好的稳定性，但压电常数较小。

除了天然石英晶体以外，目前也有人工制备的压电单晶材料，如铁电晶体材料等。铁电晶体材料一般都具有良好的压电性能，尤其是压电常数大。目前，铁电性压电晶体已经成为重要的一大类压电晶体材料。

（4）压电复合材料。压电复合材料是指由压电相材料与非压电相材料按照一定的连通方式合成而构成的一种具有压电效应的复合材料，这种压电复合材料同样既保持了高分子压电薄膜的柔软性，又具有较高的压电性和机电耦合系数。

3. 压电方程

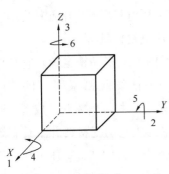

图4-3　压电元件的坐标系

压电效应本质上是机械能与电能之间的转换，因此可利用一些电能与机械能的数学表达式来描述或衡量压电元件的特性，这种表达式被称为压电方程式。

无论电能以电荷、电场还是电压方式表示，都可采用图4-3所示的坐标系进行表示。其中作用在压电元件上的应力有 6 个分量，分别以下标 $1\sim6$ 表示，其中 4、5、6 表示剪应力。对应压电元件的三对互相平行的表面，由不同的应力所产生的压电效应，可采用一个 6×3 的压电常数矩阵表征压电效应的大小。

典型的应力相对于电荷方程式有

$$\begin{pmatrix} D_1 \\ D_2 \\ D_3 \end{pmatrix} = \begin{bmatrix} d_{11} & d_{12} & d_{13} & d_{14} & d_{15} & d_{16} \\ d_{21} & d_{22} & d_{23} & d_{24} & d_{25} & d_{26} \\ d_{31} & d_{32} & d_{33} & d_{34} & d_{35} & d_{36} \end{bmatrix} \begin{pmatrix} \sigma_1 \\ \sigma_2 \\ \sigma_3 \\ \sigma_4 \\ \sigma_5 \\ \sigma_6 \end{pmatrix} \tag{4-41}$$

式中　D——应力 σ 产生的电位移，即压电元件表面单位面积上所产生的电荷数。

d 矩阵为压电常数矩阵，共有 18 个分量。用张量分量式表示为

$$D_i = d_{iu}\sigma_u \quad i \in [1,3], \ u \in [1,6] \tag{4-42}$$

如果压电元件不仅受应力作用，同时还承受电场作用，则上述压电方程可表示为

$$D_i = d_{iu}\sigma_u + \varepsilon_{ij}^{\sigma} E_j \tag{4-43}$$

式中　$d_{iu}\sigma_u$——电场强度 E 为零（或常数）时，应力对电位移的影响；

$\varepsilon_{ij}^{\sigma} E_j$——在应力为零的情况下，电场强度影响所造成的电位移；

$\varepsilon_{ij}^{\sigma}$——应力 σ 为零（或常数）时的压电元件的介电常数。

压电常数表示的是在单位应力下，压电元件表面所产生的电荷密度，表征了压电元件的灵敏度。不同的压电材料其压电常数矩阵各不相同，对于钛酸钡压电陶瓷，其压电系数矩阵为

$$[d] = \begin{bmatrix} 0 & 0 & 0 & 0 & d_{15} & 0 \\ 0 & 0 & 0 & d_{24} & 0 & 0 \\ d_{31} & d_{32} & d_{33} & 0 & 0 & 0 \end{bmatrix} \tag{4-44}$$

式中　$d_{33} = 190 \times 10^{-12} (\text{C/N})$

$d_{31} = d_{32} = -78 \times 10^{-12} (\text{C/N})$

$d_{15} = -d_{24} = 250 \times 10^{-12} (\text{C/N})$

对于石英晶体，其压电系数矩阵为：

$$[d] = \begin{bmatrix} d_{11} & d_{12} & 0 & d_{14} & 0 & 0 \\ 0 & 0 & 0 & 0 & d_{25} & d_{26} \\ 0 & 0 & 0 & 0 & 0 & 0 \end{bmatrix} \tag{4-45}$$

式中　$2d_{12} = -2d_{11} = d_{26}$

$\qquad d_{11} = -2.31 \times 10^{-12}(\mathrm{C/N})$

$\qquad d_{25} = -d_{14} = 0.67 \times 10^{-12}(\mathrm{C/N})$

4. 压电元件的主要性能

除压电常数以外，压电元件还有其他一些重要的性能指标，以下是压电元件的主要性能指标。

（1）机电耦合系数：在压电效应中，转换输出的能量（如电能）与输入的能量（如机械能）之比的平方根，定义为机电耦合系统。它是衡量压电材料机电能量转换效率的一个重要参数。

（2）压电常数：除压电常数 d 外，对于压电方程的不同表示方法，还有压电常数 g，压电常数 h 的提法，它们本质上都是描述压电元件在某一方位上的压电效应强弱的一个物理量。压电常数 d 描述的是在单位应力下，压电元件表面所产生的电荷密度，所以也称为电压应变系数。压电常数 g 描述的是在单位应力下，在压电元件内部所产生的电势梯度，所以也称为压电应变系数。压电常数 h 表示的则是每单位应变在压电元件内部产生的电势梯度。

（3）介电常数：对于一定形状、尺寸的压电元件，其固有电容与介电常数有关，而固有电容又影响压电传感器的频率下限。

（4）频率常数：指压电体谐振频率与压电元件主振动方向的长度的乘积。它是一常数，单位是 Hz·m。

（5）居里温度：指压电元件丧失压电性的温度。居里温度也称压电元件的居里点（Curie Point）。压电材料的性能随温度的变化会有所变化，随着温度的升高，压电元件的压电性能会逐步降低。当温度达到压电元件的居里点时，压电元件的压电效应将完全消失。每个压电元件的居里点温度都有所不同，在实际使用压电元件时，应根据工作环境温度，选择合适的压电元件。

（6）使用电压极限：指压电元件在使用时，所能施加的最高电压。压电元件在高电压作用下，其压电效应会发生退化，因此对压电元件所施加的电压应有所限制。压电元件所能承受的最高电压与使用温度、电压作用时间、压电元件厚度、材料性能都有关系。一般情况下，如果连续施加电压，其大小最高可选择在 $500 \sim 1000\mathrm{V/mm}$。

（7）机械应力限制：指压电元件所能承受的最高机械应力。很高的机械应力也可能使压电元件丧失压电效应，这种现象也与压电元件的材料、应力作用的时间及应力作用的方式有关。

（8）绝缘电阻：在压电材料的绝缘电阻大的情况下，可有效减少压电元件表面电荷的泄漏，从而改善压电传感器的低频特性。

4.2.3　电阻应变传感元件

应变电阻测量技术具有以下优点：

（1）结果稳定可靠；

（2）应变丝形小质轻，易于与结构材料集成，不改变测试对象的原有性能；

（3）易于进行各种补偿，使用方便。

由于电阻应变测试技术具有这些优点，它已广泛地应用于检测领域。电阻应变元件在结构健康监控中的应用也正是依据了上述特点。

电阻应变元件一般采用应变片的形式。如果埋入结构，也可直接采用电阻应变丝。电阻应变丝形小质轻，埋入材料后对材料原有的性能产生的影响很小，电阻应变丝直径只有几至几十微米，很容易与复合材料耦合。

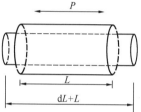

电阻应变丝被埋入复合材料结构，将随着结构变形而发生"应变电阻效应"，如图4-4所示。

设电阻丝长度为 L，电阻率为 ρ，截面面积为 S，则电阻丝的电阻为 $R = \rho L/S$。当受到拉力 P 后，电阻丝电阻的相对变化量为

图4-4　应变电阻效应

$$\frac{\mathrm{d}R}{R} = (1 + 2\mu)\frac{\mathrm{d}L}{L} + \frac{\mathrm{d}\rho}{\rho} = (1 + 2\mu)\varepsilon + \frac{\mathrm{d}\rho}{\rho} \tag{4-46}$$

令 $K_s = (\mathrm{d}R/R)/\varepsilon = (1 + 2\mu) + (\mathrm{d}\rho/\rho)/\varepsilon$，称为电阻丝的灵敏度系数，表示电阻丝产生单位应变时，电阻对应的变化，灵敏度越大电阻丝反馈的信号越大。一般情况下 $(\mathrm{d}\rho/\rho)/\varepsilon$ 很小，可以忽略不计，因此，灵敏度系数 K_s 可视为一个常数。

电阻应变丝的阻值变化反映了被测对象的应变变化，为了测量方便，需要把它转化为电压信号。

电桥初始工作状态应为平衡状态，桥臂电阻满足的电桥平衡条件为

$$R_1 R_4 - R_2 R_3 = 0 \tag{4-47}$$

则电桥工作时的输出为

$$u_0 = uK\frac{\varepsilon_1 - \varepsilon_2 - \varepsilon_3 + \varepsilon_4}{4\left[1 + \dfrac{K}{2}(\varepsilon_1 + \varepsilon_2 + \varepsilon_3 + \varepsilon_4)\right]} \tag{4-48}$$

由于 $(\varepsilon_1 - \varepsilon_2 - \varepsilon_3 + \varepsilon_4)$ 比 1 小得多，如忽略，则式（4-48）可简化为

$$u_0 = \frac{uK}{4}(\varepsilon_1 - \varepsilon_2 - \varepsilon_3 + \varepsilon_4) \tag{4-49}$$

$$u_0 = \frac{u}{4}\left(\frac{\Delta R_1}{R} - \frac{\Delta R_2}{R} - \frac{\Delta R_3}{R} + \frac{\Delta R_4}{R}\right) \tag{4-50}$$

这样电阻变化率（或应变）与输出电压之间就近似为线性关系。采用半桥和全桥电路可以提高测量的灵敏度，并进行温度补偿。除直流电桥以外，电阻应变元件也可外接交流电桥工作。

4.3　数据传输

使用仪器仪表量测的目的是获得数据，而数据传输系统的任务是传输数据以便把所获得的原始数据转化为有用的信息。数据传输主要包括有线传输和无线传输两大类。同时，随着互联网的飞速发展，互联网在数据传输中的应用也越来越广泛。因此，本节将对有线传输、无线传输和互联网传输及其在结构健康监测系统中的应用进行介绍。

4.3.1　有线传输

有线传输介质包括铜介质（双绞线和同轴电缆）和光介质（光纤）两种。双绞线由 8 根铜导线组成，为了减少电磁信号的相互干扰，每两根按一定的密度缠绞在一起；同轴电缆与双绞线不同，内部只有 1 根作为传输信号用途的铜导线，在铜导线和保护外套中间还有屏蔽层，不同的同轴电缆屏蔽层不尽相同，这都使其抗干扰能力要优于双绞线；光纤因为使用光信号，在传输距离、数据承载量及信号的抗干扰性能等方面都有铜介质不可比拟的优势，但其造价相对过高。

Todoroki 等介绍了使用以太局域网传输数字化传感器数据的研究。他们指出使用以太局域网可以排除有线传输，具有强抗电磁干扰性能。结构健康监测系统使用以太局域网的潜在优点是：它可以使多种类型传感器很容易相互联系，进而很容易实现结构健康监测系统的改变。但是，在实时结构健康监测系统中，使用以太局域网是不切实际的，因为所有网站发送数据的机会均等，不具备储备优先权。

传统的监测系统是通过同轴电缆把仪表连接到数据采集系统，同时对传感器输出模拟信号进行采样并将其数字化以便于现代离散信号处理系统应用。实际工

程中，传感器到数据采集系统的距离在 10～300m，随着信号传输距离的增加，并受路径周围的噪声影响，采集到的模拟信号的质量将有所降低。同时，随着传感器数目增加，传统的有线监测系统面临最大的问题是仪表安置。Straser 等指出，仪表安置费用占整个监测系统费用的 25%，且对于大型结构来说，仪表安置时间占总测试时间 75% 以上。同时，监测系统安装完毕后，在实际环境中遭受雨淋和阳光直射，湿度和温度反复变化将导致传感器和电缆的功能迅速退化，相应的维修费用也会增加。

4.3.2　无线传输

无线传输不是使用电或光导体进行电磁信号传递的，而是以电磁波为介质，如无线电频率电波微波和红外线系统等。在结构健康监测的数据传输环节存在两个实际问题。一是由于经济原因，数据传输和处理所需要的基础设施可能无法实现。二是传感器和处理器之间庞大的互联互通需要配置复杂的硬件系统。为解决这些问题，众多学者引入了无线传输技术并对其进行了研究。

针对上述问题，有学者将无线传输、嵌入式计算和 MEMS 传感器等技术合并，形成了模块化的无线监测系统。其中，无线传输可以解决传统有线监测系统中经常出现的问题；嵌入式微处理器或微控制器可以容许分布式计算能力和数据处理不公平现象存在；另外，MEMS 传感器可以提供令人信服的功效和具有竞争力的单价。

Lovell 和 Pines 提出了一种使用扩频无线调制解调器进行大型民用结构远程监控的方法。抢险救灾中，便携式电话大量使用，这给使用移动电话进行无线数据传输造成了困难。Lovell 等所提出的方法避免了移动电话基础设施造价高昂和在自然灾害中的不可靠性，通过扩频调制解调器，可以远程指挥数据采集系统。同时，Lovell 等在实验室进行了一个简单的固－固铝梁试验，验证了该方法的有效性。

Straser 等提出了一种基于无线数据传输技术的民用基础设施结构健康监测系统。他指出，测量通道成本高，广泛布线、长距离传输造成的信号恶化，环境影响以及高额维护费用等因素阻止了民用基础设施结构健康监测的发展。为此，Straser 等提出了相应的解决方法，并对其中嵌入式微处理器、无线电调制解调器、电池数据采集设备、MEMS 加速度计和数字/模拟转换器等关键设计因素做了详细介绍。同时，作者使用 AM 类型的无线发射来对传感器进行同步测试。

Bennett 和 Armitage 提出使用无线遥测来监测公路路面的应变和温度。以往原位应变监测需要大量布线，导致安装成本高并可能造成额外的路面损伤和线路连接不可靠。为克服这些困难，Bennett 等研制出一种设有内置遥测装置的沥青核，将它埋置在公路的路面结构中用来检测应变和温度。在进行若干试验验证了沥青核系统的有效性之后，测量系统被安装在英国的一个实际公路中用来监测应变和温度。

Mitchell 等提出利用分布式计算和传感系统来检测关键点的损伤。他们的系统由几个在结构上均匀布置的元件组组成，而每一个元件组由一个微型控制器、一个无线发射器、数据采集电路、驱动器和传感器组成。每一个元件组能够单独采集数据和进行局部数据处理，而各元件组之间则通过无线方式联系，并利用中央处理单元进行数据交换。

徐春红等基于桥梁结构健康监测和无线传感器网络基本概念，设计出用于桥梁结构健康监测的无线传感器节点模型软（硬）件结构体系并对基于无线传感器网络的桥梁结构健康监测系统的优势进行了分析与总结。这种分布式、自组织无线传感器网络以其覆盖范围广、测量精度高等特点避免了有线系统的一些固有弱点，还可解决结构健康监测系统鲁棒性、自身寿命以及数据泛滥等问题。

另外，申云海等提出了一种新的异构桥梁结构健康监测系统。他们认为，虽然在实际应用中无线桥梁结构健康监测传感器技术更容易部署和更新，能够克服有线系统的一些缺陷，然而，在某些情况下无线网络的通信质量不能保证，会导致系统的效率和可靠性受到影响。作者指出所提出的方法兼容了有线和无线健康监测技术的优点。

4.3.3 互联网传输

为保障桥梁、隧道等大型结构的正常工作，防止因结构灾害而造成重大公共安全事故，需要做好其结构特性的实时和动态测量以及监视或控制工作。由于这类结构很多地处边远或是不易实地监测，有的还具有一定的现场危险性，因此只能对其进行远距离或无人值守的监测。

以互联网和无线移动通信为代表的现代通信和网络技术广泛应用，使得对分散在不同地点的结构和设备进行远程实时监测成为可能。并且由于宽带互联网络的带宽较宽能适应视频监控和实时监控等实时性要求高数据量大和监控点多的场合，节约了人力和财力，并提高了准确性。

王真之等基于互联网和光纤光栅传感器技术提出了一种新型的大型建筑结构远程监测。王真之对预处理得到的数据采用宽带互联网接入，并利用 TCP/IP 协议发送到远程的中央服务器，使任何接入互联网的监控均可通过与服务器通信获取应变情况和电子地图，系统也可以提供阈值报警功能。另外，为了保证数据安全可靠到达服务器，系统配置了双链路结构，成功地实现了基于互联网的桥梁结构远程监测。

田蕊等将互联网应用（Rich Interact Applications，RIA）与 Silver light 技术相结合，建立了桥梁结构健康监测、状态评估分析平台。田蕊指出，目前基于 Web 的桥梁结构健康监测软件系统受限于 Web 系统的工作机制、HTML 的呈现能力、实现的技术难度等因素，普遍存在画面单一、数据交互性差等问题。而田蕊提出的方法能够解决传统 Web 技术呈现能力及交互性差的问题，实现了对影响桥梁安全的主要参数的在线监测、评估及预警。最后，通过实验证明了该方法的有效性。

第 5 章　监测信号处理技术

传感器对结构所监测到的信号必须经过信号处理，以获得反映结构状态的特征参数，其必要性如下：

（1）实际工程结构所处的环境比较复杂，如飞行器结构就可能工作在强电磁干扰、振动和高、低温环境下，这些环境因素会给被监测信号带来很多影响；传感器的灵敏度有限，结构的一些状态变化反映到传感器的监测信号中，往往信号微弱，因此需要对传感器网络监测到的信号进行处理以获得信噪比较高、较为精确的参数。

（2）由传感器网络监测到的结构参数值，往往不能直接表征结构健康情况的参数，如应力、应变、位移、温度、湿度等，这些参数必须经过信号处理方法加以综合，并提取能直接反映结构中损伤的参数，才能有效评判结构的状态。

信号处理是结构健康监测系统中必不可少的环节。结构健康监测中所采用的信号处理技术主要有时域分析方法、频域分析方法、时频域分析方法及模态域的分析方法等多种。应该说信号处理技术本身的一些前沿进展，在结构健康监测系统中都有应用。

5.1　概述

5.1.1　信号的分类方法

传感元件监测到的结构信号是多种多样的，为了对它们进行合理分析，将其进行分类是非常必要的。信号的分类方法有多种，常见的分类方法有如下几种：

1. 确定性信号和非确定性信号

可以用明确的数学关系式描述的信号称为确定性信号。它进一步可分为周期信号、非周期信号与准周期信号。周期信号满足条件：

$$x(t) = x(t + nT_0) \tag{5-1}$$

式中　T_0——周期，$T_0 = 2\pi/\omega_0$，其中 ω_0 为基频；$n = 0$，± 1，…

非周期信号往往具有瞬变性。例如，结构断裂时的应力变化、结构疲劳裂纹

106

产生时的声发射信号等，这些信号都属于瞬变非周期信号，但可用数学关系式描述。

准周期信号是周期与非周期的边缘情况，是由有限个周期信号合成的，但各周期信号的频率相互间不是公倍关系，其合成信号不满足周期条件，例如：

$$x(t) = \sin t + \sin \sqrt{2} t \tag{5-2}$$

这是两个正弦信号的合成，其频率比 $\omega_1/\omega_2 = 1/\sqrt{2}$，不是有理数，不成谐波关系，结构的振动信号往往表现为这种形式。

非确定性信号不能用数学关系式描述，其幅值、相位变化是不可预知的，所描述的物理现象是一种随机过程。例如，汽车奔驰时所产生的振动；飞机在大气流中的浮动等。在非确定信号中，如果信号的统计特征保持不变，那么这类信号称为平稳信号，否则称为非平稳信号。最常见的一个统计特征就是功率谱密度。平稳信号的功率谱密度不随时间变化，而非平稳信号的功率谱密度随时间发生变化。

2. 能量信号与功率信号

在区间 $(-\infty, +\infty)$ 上，能量为有限值的信号称为能量信号，满足条件：

$$\int_{-\infty}^{+\infty} x^2(t) \, dt < \infty \tag{5-3}$$

一般持续时间有限的瞬态信号是能量信号。

有许多信号，如周期信号、随机信号等，它们在区间 $(-\infty, +\infty)$ 内能量不是有限值，在这种情况下，研究信号的平均功率更为合适。

在区间 (t_1, t_2) 内，信号的平均功率 P 定义为：

$$P = \frac{1}{t_2 - t_1} \int_{t_1}^{t_2} x^2(t) \, dt \tag{5-4}$$

若区间变为无穷大时，式（5-4）仍然大于零，那么信号具有有限的平均功率，称为功率信号。具体讲，功率信号满足条件：

$$0 < \lim_{T_0 \to \infty} \frac{1}{2T_0} \int_{-T_0}^{T_0} x^2(t) \, dt < \infty \tag{5-5}$$

对比式（5-4）与式（5-5），显而易见，一个能量信号具有零平均功率，而一个功率信号具有无限大能量。

3. 时域有限与频域有限信号

时域有限信号是在有限区间 (t_1, t_2) 内定义，而区间外恒等于零。例如，矩形脉冲、三角脉冲、余弦脉冲等，常用于结构健康监测的 Lamb 波信号也是时域有限信号。而周期信号、指数衰减信号、随机过程等，则称为时域无限信号。

频域有限信号是指信号经过傅里叶变换，在频域内占据一定带宽 (f_1, f_2)，其外恒等于零。例如，正弦信号、$\mathrm{sin}ct$ 函数、限带白噪声等，为时域无限频域有限信号；δ 函数、白噪声、理想采样信号等，则为频域无限信号。

4. 连续时间信号与离散时间信号

按照时间函数取值的连续性与离散性，可分为连续时间信号与离散时间信号。

在所讨论的时间间隔内，对于任意时间值，除若干个第一类间断点外，都可给出确定的函数值，此类信号称为连续时间信号或模拟信号。

所谓第一类间断点，应满足条件：函数在间断点处左极限存在；左极限与右极限不等，即 $x(t_0^-) \neq x(t_0^+)$；间断点收敛于左极限与右极限函数值的中点。因而，正弦、直流、阶跃、锯齿波、矩形脉冲、截断信号等，都称为连续时间信号。

离散时间信号又称为时域离散信号或时间序列。它是在所讨论的时间区间，在所规定的不连续的瞬间给出的函数值。

离散时间信号可以从试验中直接得到，也可以从连续时间信号中经采样而得到。

5.1.2 信号滤波方法

信号滤波在信号处理中有两类作用，一是滤除噪声及虚假信号，二是对传感元件所监测到的信号进行补偿。

1. 滤除噪声及虚假信号

对传感器监测到的信号首先进行的处理就是信号滤波。常用的信号滤波方法主要分为高通滤波、低通滤波、带通滤波和带阻滤波。

高通滤波可以保留信号的高频部分，而滤除低频噪声。低通滤波则相反，它保留信号的低频部分，而滤除高频噪声。带通滤波则保留信号某一个频段总的信号，而去除低频和高频部分。带阻滤波又恰恰相反，仅去除信号某个频段上的干扰信号。滤波器在使用时，应考虑传感器的工作频段而加以选择，对于压电传感器，其监测信号一般为具有一定频率的动态信号，因此一般后接带通滤波器。应变电阻元件一般监测低频信号，后接低通滤波器。

有一类低通滤波器称为抗混叠滤波器，这类滤波器主要解决由于系统采样频率不够高所造成的信号频率混叠现象，在进行动态信号测试中必须考虑抗混叠滤波器。根据奈奎斯特采样定律，在对模拟信号进行离散化时，采样频率至少应两倍于被分析信号的最高频率，否则可能出现因采样频率不够高，模拟信号中的高频信号折叠到低频段，出现虚假频率成分的现象，这称为频率混叠现象。

在对结构进行测量时，被测信号的高频成分往往不可避免，如在大型桥梁、高楼、机械设备等动态应变、振动测试及模态分析中，信号所包含的频率成分理论上是无穷的，而测试系统的采样频率不可能无限高也不需要无限高，因此信号中总存在频率混叠成分，如不去除混叠频率成分，将对信号的后续处理带来困难。为解决频率混叠现象，在对监测信号进行离散化采集前，通常采用低通滤波器滤除高于 1/2 采样频率的频率成分，这种低通滤波器就称为抗混叠滤波器。

信号滤波可以采用电路等硬件实现，也可在计算机中采用软件实现，采用软件所实现的滤波器一般称为数字滤波器。

2. 信号补偿

数字滤波器也可用来对传感器所监测到的信号进行优化。例如，在结构健康监测中，可采用数字滤波器对压电传感器的温度特性进行补偿。

5.2　时域分析方法

时域分析方法主要包括时域信号波形参数及时域信号统计参数的提取。波形参数是对时域信号波形直接进行分析、提取参数的一种方法。时域信号统计参数则是提取信号的统计特征，一般被分析的信号为随机信号。

5.2.1　时域波形特征

经常采用的时域波形特征有信号到达时间、上升时间、持续时间、信号的峰值、信号的能量、信号的响铃个数等。基于时域损伤识别的主要特征参数有：

1. 信号到达时间

信号到达时间常常被用来对结构中的冲击荷载、声发射源或损伤进行定位。结构中存在损伤或应力集中时，随着损伤的进一步扩展，会在结构中产生一种以波的形式传递的信号，称为应力波信号，也称声发射信号。应力波信号以一定的速度从损伤处向四周传递，分布在结构中不同位置的传感器会在不同的时刻接收到应力波信号，通过分析信号的不同到达时刻，可对损伤进行定位。

109

2. 峰值损伤因子 N

$$N = A_{max} \qquad (5-6)$$

式中　A_{max} ——输出信号幅值的最大值。

峰值损伤因子虽然简单，但它是一种重要的判断结构损伤的特征参数。

3. 基于最小二乘法的峰值损伤因子

波在材料中传播时，损伤会导致波信号峰值的降低，而信号峰值往往还与信号在结构中传播的距离有关，这两种效应混淆在一起。为提高峰值损伤因子的可信度，突出材料或结构损伤对监测波形的影响，就必须剔除传播距离对监测波峰值的影响。通常情况下，当材料无损伤时，监测波在材料中传播时其峰值随距离呈指数衰减，设监测波峰值按照指数规律衰减的函数表达式为：

$$A = A_0 e^{-\gamma x} \qquad (5-7)$$

式中　A ——监测波的峰值；

　　　A_0 ——监测波初始振幅；

　　　x ——监测波传播距离；

　　　γ ——衰减系数。

从式（5-7）中容易看出传播距离 x 是通过因子 $e^{-\gamma x}$ 影响峰值的。所以定义一种新型峰值损伤因子：

$$N = \frac{A}{e^{-\gamma x}} \qquad (5-8)$$

新定义的峰值损伤因子剔除了传播距离的影响，突出了材料中的损伤对主动监测波的影响。

实际应用中，可在材料无损伤时，测试多点监测信号峰值及其传播距离数据，利用最小二乘法按式（5-7）进行衰减曲线拟合求得参数 A_0 和 γ。

4. 振铃损伤因子

$$N_1 = P_n R_t C \qquad (5-9)$$

式中　P_n ——激励脉冲重复率；

　　　R_t ——计数器的预调时间；

　　　C ——每个波形的振铃计数。

5. 权振铃损伤因子

权振铃损伤因子把每个振铃振荡的幅值考虑在内，从而定义

$$N_2 = \sum_{i=0}^{P_n} A_i (C_i - C_{i+1}) \qquad (5-10)$$

式中 A_i、C_i ——第 i 次电压阈值及相应振铃计数。

这种权振铃计数已被成功地用来确定复合材料的冲击损伤和胶结接头的强度变化。

6. 能量积分损伤因子

监测信号的相对能量可定义为电压波形变化 $u(t)$ 在一段时间间隔 (t_1, t_2) 内的积分,即

$$N_3 = \int_{t_1}^{t_2} u^2(t)\,\mathrm{d}t \tag{5-11}$$

或经过傅里叶变换后,在频域内的一段频率间隔 (f_1, f_2) 内的积分,即

$$N_4 = \int_{f_1}^{f_2} J^2(f)\,\mathrm{d}f \tag{5-12}$$

式中 $J(f)$ ——频率分布函数。

如果对整个波形积分,以上两式表示的损伤因子是等价的。能量积分损伤因子不仅能判断复合材料中的损伤有无,而且在损伤大小的判断上也有一定的价值。

5.2.2 时域统计特征

信号的时域统计特征,也是一类重要的信号特征,这些特征包括信号的均值、均方值、方差以及概率密度函数等。

1. 均值

均值 $E[x(t)]$ 表示集合平均值或数学期望值。基于随机过程的各态历经性,可用时间间隔 T_0 内的幅值平均值 μ_x 表示,即

$$\mu_x = E[x(t)] = \lim_{T_0 \to \infty} \frac{1}{T_0} \int_0^{T_0} x(t)\,\mathrm{d}t \tag{5-13}$$

均值 μ_x 表达了信号变化的中心趋势,或称为直流分量。

2. 均方值

信号 $x(t)$ 的均方值 $E[x^2(t)]$,也称平均功率 ψ_x^2,其表达式为:

$$\psi_x^2 = E[x^2(t)] = \lim_{T_0 \to \infty} \frac{1}{T_0} \int_0^{T_0} x^2(t)\,\mathrm{d}t \tag{5-14}$$

ψ_x^2 值表达了信号的强度,其正平方根称为均方根值,又称有效值 x_{rms} ,也是信号的平均能量的一种表达。

3. 方差

信号 $x(t)$ 的方差定义为:

$$\sigma_x^2 = E(x(t) - E[x(t)])^2 = \lim_{T_0 \to \infty} \frac{1}{T_0} \int_0^{T_0} [x(t) - \mu_x]^2 \mathrm{d}t \qquad (5\text{-}15)$$

σ_x 称为均方差或标准差。可以证明，σ_x^2、ψ_x^2 和 μ_x^2 具有下述关系，即

$$\psi_x^2 = \sigma_x^2 + \mu_x^2 \qquad (5\text{-}16)$$

式中，σ_x^2 描述了信号的波动量；μ_x^2 描述了信号的静态量。

4. 概率密度函数

随机信号的概率密度函数定义为：

$$p(x) = \lim_{\Delta x \to 0} \frac{P[x < x(t) \leq x + \Delta x]}{\Delta x} \qquad (5\text{-}17)$$

对于各态历经过程，有

$$p(x) = \lim_{\Delta x \to 0} \frac{1}{\Delta x} \Big[\lim_{T_t \to \infty} \frac{T_x}{T_t} \Big] \qquad (5\text{-}18)$$

式中　$P[x < x(t) \leq x + \Delta x]$ ——瞬时值落在增量 Δx 范围内可能出现的概率；

　　　　$T_x = \Delta t_1 + \Delta t_2 + \cdots$ ——信号瞬时值落在 $(x, x + \Delta x)$ 区间的时间；

　　　　T_t ——分析时间。

所求得的概率密度函数 $p(x)$ 是信号 $x(t)$ 的幅值 x 函数，有时也将信号的概率密度函数分析称为幅值域分析。

当用概率密度函数表示均值、均方值及方差时，根据概率论关于矩函数的计算，可有：

一阶原点矩　　　　　$\mu_x = \int_{-\infty}^{\infty} x p(x) \mathrm{d}x \qquad (5\text{-}19)$

二阶原点矩　　　　　$\psi_x^2 = \int_{-\infty}^{\infty} x^2 p(x) \mathrm{d}x \qquad (5\text{-}20)$

二阶中心矩　　　　　$\sigma_x^2 = \int_{-\infty}^{\infty} (x - \mu_x)^2 p(x) \mathrm{d}x \qquad (5\text{-}21)$

可以看出，均值 μ_x 是信号 x_t 在所有幅值 x 上的加权线性和。权函数是幅值 x 在微小区间 Δx 内出现的概率。

5. 概率分布函数

概率分布函数是信号幅值 x 小于或等于某值 R 的概率，其定义为

$$F_x = \int_{-\infty}^{R} p(x) \mathrm{d}x \qquad (5\text{-}22)$$

概率分布函数又称累积概率，表示了落在某一区间的概率，也可写成

$$F(x) = P(-\infty < x \leq R) \qquad (5\text{-}23)$$

5.3　频域分析法

傅里叶变换是信号处理方法中的重要应用工具之一，它当然也是结构健康监测领域内的一个重要的信号处理手段。从实用的观点看，傅里叶分析为人们提供了从另外一个角度观察信号的方法，也就是从频域观察信号特征的方法。傅里叶分析通常指傅里叶变换和傅里叶级数。傅里叶分析的结果根据信号的性质及变换方法的不同，可以表示为幅值谱、相位谱、功率谱、幅值谱密度、功率谱密度、相位谱密度等。

5.3.1　周期信号的幅值谱、相位谱、功率谱

从数学分析已知，任何周期函数在满足 Dirichlet 条件下，可以展开成正交函数线性组合的无穷级数，如正交函数集是三角函数集（$\sin n\omega_0 t$, $\cos n\omega_0 t$）或复指数函数集（$e^{jn\omega_0 t}$），则可展开成傅里叶级数，通常有实数形式表达式：

$$x(t) = \frac{a_0}{2} + \sum_{n=1}^{\infty} (a_n\cos n\omega_0 t + b_n\sin n\omega_0 t) \qquad n = 1,2,\cdots \qquad (5\text{-}24)$$

$$x(t) = \frac{a_0}{2} + \sum_{n=1}^{\infty} A_n\cos(n\omega_0 t - \varphi_n) \qquad n = 1,2,\cdots \qquad (5\text{-}25)$$

与复数形式表达式

$$x(t) = \sum_{n=-\infty}^{\infty} C_n e^{jn\omega_0 t} \qquad n = 0, \pm 1, \pm 2,\cdots \qquad (5\text{-}26)$$

式（5-24）~式（5-26）中各参数及相应关系为

常值分量　　　　　　$$a_0 = \frac{2}{T_0} \int_{-T_0/2}^{T_0/2} x(t)\,\mathrm{d}t \qquad (5\text{-}27)$$

余弦分量的幅值　　　$$a_n = \frac{2}{T_0} \int_{-T_0/2}^{T_0/2} x(t)\cos n\omega_0 t\,\mathrm{d}t \qquad (5\text{-}28)$$

正弦分量的幅值　　　$$b_n = \frac{2}{T_0} \int_{-T_0/2}^{T_0/2} x(t)\sin n\omega_0 t\,\mathrm{d}t \qquad (5\text{-}29)$$

各频率分量的幅值　　$$A_n = \sqrt{a_n^2 + b_n^2} \qquad (5\text{-}30)$$

各频率分量的相位　　$$\varphi_n = \arctan\frac{b_n}{a_n} \qquad (5\text{-}31)$$

傅里叶系数　　　　　$$C_n = \frac{1}{T_0} \int_{-T_0/2}^{T_0/2} x(t) e^{-jn\omega_0 t}\,\mathrm{d}t \qquad (5\text{-}32)$$

$$C_n = |C_n| \mathrm{e}^{\mathrm{j}\varphi_n} \tag{5-33}$$

$$|C_n| = \frac{1}{2}\sqrt{a_n^2 + b_n^2} = \frac{1}{2}A_n \tag{5-34}$$

各频率的相位
$$\varphi_n = \arctan\frac{\mathrm{Im}[C_n]}{\mathrm{Re}[C_n]} \tag{5-35}$$

平均功率
$$\psi_x^2 = \frac{1}{T_0}\int_{-T_0/2}^{T_0/2} x^2(t)\,\mathrm{d}t = \sum_{n=-\infty}^{\infty} |C_n|^2 \tag{5-36}$$

或
$$\psi_x^2 = \frac{a_0^2}{4} + \frac{1}{2}\sum_{n=1}^{\infty} A_n^2 \tag{5-37}$$

以上，$A_n - \omega$，$|C_n| - \omega$ 关系称为幅值谱；$\varphi_n - \omega$ 关系称为相位谱；$A_n^2 - \omega$，$|C_n|^2 - \omega$ 关系称为功率谱。

5.3.2 非周期信号的幅值谱密度、功率谱密度、相位谱密度

非周期信号一般为时域有限信号，具有收敛可积条件，其能量为有限值。这种信号频域分析的数学手段是傅里叶变换，时域信号 $x(t)$ 与其傅里叶变换 $X(\omega)$ 构成时域、频域变换偶对，其表达式为

$$x(t) = \frac{1}{2\pi}\int_{-\infty}^{\infty} X(\omega)\mathrm{e}^{\mathrm{j}\omega t}\mathrm{d}\omega \tag{5-38}$$

$$X(\omega) = \int_{-\infty}^{\infty} x(t)\mathrm{e}^{-\mathrm{j}\omega t}\mathrm{d}t \tag{5-39}$$

或
$$x(t) = \int_{-\infty}^{\infty} X(f)\mathrm{e}^{\mathrm{j}2\pi ft}\mathrm{d}f \tag{5-40}$$

$$X(f) = \int_{-\infty}^{\infty} x(t)\mathrm{e}^{-\mathrm{j}2\pi ft}\mathrm{d}t \tag{5-41}$$

对式（5-38）和式（5-39）进行分析可知，与周期信号相类似，非周期信号也可以分解成许多不同频率成分的正弦、余弦分量。所不同的是，由于非周期信号的周期 $T_0 \to \infty$，基频 $\omega_0 \to \mathrm{d}\omega$，所以它包含了从零到无限大的所有频率分量。各频率分量的幅值为 $X(\omega)\mathrm{d}\omega/2\pi$，这是无穷小量，所以频谱不能再用幅值表示，而必须用密度函数描述。

式（5-39）中的 $X(\omega)$ 具有单位频率的幅值的量纲，而且是复数，所以有

$$X(\omega) = |X(\omega)| \mathrm{e}^{\mathrm{j}\varphi(\omega)} \tag{5-42}$$

$$|X(\omega)| = \sqrt{\mathrm{Re}^2[X(\omega)] + \mathrm{Im}^2[X(\omega)]} \tag{5-43}$$

$$\varphi(\omega) = \arctan\frac{\mathrm{Im}[X(\omega)]}{\mathrm{Re}[X(\omega)]} \tag{5-44}$$

称 $|X(\omega)| - \omega$ 关系为信号 $x(t)$ 的幅值谱密度，$|X(\omega)|^2 - \omega$ 关系为信号 $x(t)$ 的功率谱密度；则称 $\varphi(\omega) - \omega$ 的关系为信号 $x(t)$ 的相位谱密度。

在实际应用中，由于需要采用计算机实现信号的频谱分析，因此数据都以离散点的形式存储在计算机中，这时就要用到离散傅里叶变换。

对于给定的或复的离散时间序列 $f_0, f_1, \cdots, f_{N-1}$，对该序列绝对值求和，即满足 $\sum_{n=0}^{N-1} |f_n| < \infty$，称

$$X(k) = F(f_n) = \sum_{n=0}^{N-1} f_n e^{-i\frac{2\pi k}{N}n} \quad (k = 0, 1, \cdots, N-1) \tag{5-45}$$

为序列 $\{f_n\}$ 的离散傅里叶变换，称

$$f_n = \frac{1}{N} \sum_{k=0}^{n-1} X(k) e^{i\frac{2\pi k}{N}n} \quad (n = 0, 1, \cdots, N-1) \tag{5-46}$$

为序列 $|X(k)|$ 的离散傅里叶逆变换。

在式（5-46）中，n 相当于对时间域的离散化，k 相当于频率域的离散化，且它们都是以 N 点为周期的。离散傅里叶变换序列 $|X(k)|$ 是以 2π 为周期的，且具有共轭对称性。

在结构健康监测中，信号在频域的频率分布、主要峰值出现的频率、某些频段的能量大小等都可以用作表征结构特征的参数。

5.4 时频域分析法

傅里叶变换将信号从时域变换到频域，从而使人们可以从另外一个角度去观测信号，以获得更多有关信号的信息。但傅里叶分析有其自身的一些缺陷，主要表现在以下两方面：

（1）不具备时域特性。傅里叶变换在频谱上不能提供任何与时间相关的信息，也就是信号在某个时刻上的频率信息。这是因为傅里叶谱反映的是信号的统计特性，从其表达式也可以看出，它是整个时间域内的积分，没有局部化分析信号的功能。通俗地说，对于一个信号，通过其频谱可以知道信号中有哪些频率成分，但不知道这个频率是在什么时候产生的。

（2）不适合分析非平稳信号。傅里叶分析从本质上讲是采用一组正弦基或余弦基去逼近信号，由于正弦和余弦函数都为无限长的周期信号，因此非平稳信号，特别是瞬态信号是无法采用它们去有效逼近的，这就是说傅里叶分析不适用于非平稳信号的分析。而工程应用中大量的信号都是非平稳信号。

信号处理方法发展到今天，已有不少方法被提出，以克服传统傅里叶方法的不足，这些方法包括自互谱法、小波分析、小波包分析、Hilbert-Huang 方法等方法。这些方法在结构健康监测系统中都有应用。

5.4.1 傅里叶变换与自互谱法

1. 傅里叶变换

自从 1822 年傅里叶（Fourier）发表了"热传导解析理论"以来，傅里叶变换一直是信号处理领域中应用最广泛的一种分析手段。傅里叶变换的基本思想是将信号从时间域转换到频率域，它可以从幅值域、频率域和时间域来描述信号特征，并且三者之间可以通过一定的数学运算进行转换。可以说经典的傅里叶变换是把信号从时间域变换到频率域分析的有效数学手段，其定义公式为

$$F(\omega) = \int_{-\infty}^{+\infty} f(t) e^{-j\omega t} dt \qquad (5-47)$$

反之，傅里叶逆变换是把信号从频率域变换到时间域的分析，即

$$f(t) = \frac{1}{2\pi} \int_{-\infty}^{+\infty} F(j\omega) e^{j\omega t} d\omega \qquad (5-48)$$

由式（5-47）和式（5-48）可以看出，傅里叶变换可以对信号进行时频两域互换，在实际应用中，经常采用离散化的傅里叶变换即傅里叶级数表达式进行信号分析，即

$$f(t) = \sum_{\omega=-\infty}^{+\infty} c_\omega e^{j\omega t} \qquad (5-49)$$

可以看出，傅里叶变换其实是把一个复杂的信号 $f(t)$ 分解成多个频率不同的正弦信号，能分解出多少个正弦信号，就认为这一复杂信号有多少个频率成分。

由以上可知，任何能量有限信号均可由其傅里叶变换表示，并且有其明确的物理意义，因而决定了傅里叶分析在很长的一段时期里成为信号分析的主要工具。然而，傅里叶分析是一种全局的变换，要么完全在时间域，要么完全在频率域，因此无法表达信号的时（频）域局部性质，而时（频）域局部性质恰好是非平稳信号最基本和最关键的性质。

2. 短时傅里叶变换

为了研究信号在局部时间范围内的频域特征，1946 年 Gabor 提出了著名的 Gabor 变换，之后进一步发展成为短时傅里叶变换（Short Time Fourier Transtorm，STFT，又称加窗傅里叶变换）。其基本思路是：用一个有限区间外恒等于零的光

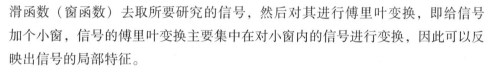

滑函数（窗函数）去取所要研究的信号，然后对其进行傅里叶变换，即给信号加个小窗，信号的傅里叶变换主要集中在对小窗内的信号进行变换，因此可以反映出信号的局部特征。

对信号 $f(t) \in L^2(R)$，其加窗傅里叶变换定义为

$$f(t) = \int_{-\infty}^{+\infty} f(t) \bar{g}(t - \tau) \mathrm{e}^{-\mathrm{j}\omega t} \mathrm{d}t \qquad (5\text{-}50)$$

式中，$g(t)$ 为窗函数；ω 为瞬时角频率。

直观地讲，如果要求信号 $f(t)$ 在时域和频域上都是局部的，那么 $f(t)$ 与它的傅里叶变换 $F(\omega)$ 应该都具有紧支集，然而根据解析函数理论可知，不存在这样的能量有限信号，因而仅能以概率分布定义去刻画信号的时频局部性，为此引入时-相平面来分析信号的时频局部性。

式（5-50）表明，随着参数 (ω, τ) 的变化，加窗傅里叶变换 $F(\omega, \tau)$ 实现了信号 $f(t)$ 的时间频率局部化，但其频率与所选择的窗口有关，而窗口的分辨率可以用窗口的面积大小来衡量，面积越小，窗口的时频局部化能力越强。

然而由 Heisenberg 测不准原理可知，时间-频率局部化是一对基本矛盾，时域分辨率提高，频域分辨率就会下降，反之亦然。因此，STFT 中的窗口不能随意缩小，这限制了 STFT 的进一步应用。

STFT 从纯时域分析和纯频域分析向时–频局部化分析大大跃进了一步，实现了信号的时频局部化分析，然而 STFT 也存在着固有的不足。

（1）窗函数一旦取定，窗口的大小就随之确定下来，而与窗口的位置无关，因此，STFT 不适于分析同时包括高频和低频信息的信号。

（2）在具体实际处理中，常采用离散 STFT 处理信号，离散 STFT 的局部化特征性在整个时–相平面上是均匀分布的，为此在对频域宽、频率变化剧烈的信号进行处理时，要正确获得信号的高频信息，时间局部化函数要取得很小，即窗口要选得很小，要取得相当多的样本点，将大大增加计算量，并且窗口太小时，会降低低频信号的分辨率，不适于低频信号的分析。

（3）无论采用怎样的方法对 STFT 进行离散化，都得不到一组离散正交基，因而不能用快速算法实现。

基于上述的理由，STFT 未能得到广泛应用，只适合分析所有特征大致相同的信号，对奇异信号和非平稳信号不是很有效。

3. 自互谱法

随机信号谱分析法是目前使用广泛的功率谱密度函数以及频响函数和相干函

数的计算方法，是结构模态参数频域识别方法之一。作为频谱分析的一种方法，随机信号谱分析法建立在傅里叶变换的基础之上，所得到的结果是以频率为变量的函数（被称为谱函数）。随机信号谱分析法实质上是以数理统计基础上的功率谱密度函数为基本函数，通过自功率谱和互功率谱导出频率响应函数和相干函数，进而识别出结构的模态参数。其中频率响应函数是试验模态参数频域识别的基本数据，而相干函数则是评定频率响应函数估计精度的一个重要参数。

由于傅里叶变换自身的缺陷，容易发生谱泄漏的现象，在实际应用过程中，可采用两种方法来减少振动信号谱泄漏。一种方法是加大傅里叶变换的数据长度，另一种方法是对信号进行加窗傅里叶变换。实践证明，取合适的窗函数和 1/2 长度的重叠率，可以合理地运用信号的全部信息，并能有效降低估计的偏差。以下介绍用随机信号谱分析方法计算功率谱密度函数以及频响函数和相干函数估计的表达式。

（1）自功率谱密度函数（自谱）。自功率谱密度函数的定义为

$$S_{xx}(k) = \frac{1}{MN_{\text{FFT}}} \sum_{i=1}^{M} X_i(k) X_i^*(k) \tag{5-51}$$

式中　$X_i(k)$——随机振动信号的第 i 个数据段的傅里叶变换；

　　　$X_i^*(k)$——$X_i(k)$ 的共轭复数；

　　　M——平均次数；

　　　N_{FFT}——根据所需频率分辨率带宽 Δf 确定的 FFT 的数据长度 $N_{\text{FFT}} = f_s / \Delta f = 2^p$。

自功率谱密度函数是实函数，是描述随机振动的一个重要参数。它展现振动信号各频率处功率的分布情况，使人们知道哪些频率的功率是主要的。自谱常被用来确定结构的自振特性。在设备故障监测中，还可根据不同时段自谱的变化来判断故障发生征兆和寻找可能发生故障的原因。

（2）互功率谱密度函数（互谱）。互功率谱密度函数的定义为

$$S_{xx}(k) = \frac{1}{MN_{\text{FFT}}} \sum_{i=1}^{M} X_i(k) Y_i^*(k) \tag{5-52}$$

式中　$Y_i^*(k)$——$Y_i(k)$ 的共轭复数；

$X_i(k)$、$Y_i(k)$——两个随机振动信号的第 i 个数据段的傅里叶变换；

　　　M——平均次数。

互功率谱密度函数是复函数，该函数本身实际上并不具有功率的含义，只因计算方法上与自谱相对应，正确的称呼应该是互谱密度函数。互谱密度函数可以用来分析结构的动力特性，但不常用。

（3）频率响应函数（频响函数）。频响函数为互功率谱密度函数除以自功率谱密度函数所得的商，即

$$H(k) = \frac{S_{xy}(k)}{S_{xx}(k)} \tag{5-53}$$

式中，$S_{xx}(k)$ 和 $S_{xy}(k)$ 分别为用平均周期方法处理得到的随机振动激励信号的自功率谱密度函数和激励与响应信号的互功率谱密度函数的估计值。

频响函数是复函数，它是被测系统的动力特性在频域内的表现形式，也是被测系统本身对输入信号在频域中传递特性的描述。输入信号的各频率成分通过该系统时，频响函数对一些频率成分进行了放大，对另一些频率成分进行了衰减，它们经过加工后得到输出信号新的频率成分的分布。因此，频响函数对结构的动力特性测试具有特殊重要的意义。

（4）相干函数。相干函数为互功率谱密度函数模的平方除以激励和响应自谱乘积所得的商，即

$$C_{xy}(k) = \frac{|S_{xy}(k)|^2}{S_x(k)S_y(k)} \tag{5-54}$$

式中，$S_x(k)$ 和 $S_y(k)$ 分别为用平均周期图方法处理得到的随机振动激励信号和响应信号的自功率谱密度函数的估计值；$S_{xy}(k)$ 为激励与响应信号的互功率谱密度函数的估计值。

相干函数是两随机信号在频域内相关程度的指标。对一随机振动系统，为了评价输入信号与输出信号的因果性，即输出信号的频率响应中有多少是由输入信号的激励所引起的，就可以用相干函数来表示。通常，在随机振动测试中，计算出来的相干函数的值为 0～1 的正实数。工程上通常采用相干函数 $C_{xy}(k)$ 来评判频响函数的好坏，$C_{xy}(k)$ 越接近 1，说明噪声的影响越小，一般认为 $C_{xy}(k) \geqslant 0.8$ 时，频响函数的估计结果比较准确可靠。

5.4.2　小波变换与小波分析

1. 小波变换

由同一母函数 $\Psi(t)$ 经伸缩和平移后得到的一组函数 $\Psi_{a,b}(t)$ 称为一族小波。小波变换的实质就是采用一族小波去表示信号或函数。

1）连续小波变换

对于连续的情况，设其伸缩因子（又称尺度因子）为 a，平移因子为 b，其平移后的函数为

$$\Psi_{a,b}(t) = \frac{1}{\sqrt{|a|}}\psi\left(\frac{t-b}{a}\right) \qquad (a,b \in R; \quad a \neq 0) \qquad (5\text{-}55)$$

则称 $\Psi_{a,b}(t)$ 为依赖于参数 a 和 b 的小波基函数。

由于伸缩因子 a 和平移因子 b 取连续变化的值，因此称 $\Psi_{a,b}(t)$ 为连续小波基函数，它们是由同一母函数 $\Psi(t)$ 经伸缩和平移后得到的一组函数系列。

将任意函数 $f(t) \in L^2(R)$ 在连续小波基下进行展开

$$W_f(a,b) = (f(t), \quad \Psi_{a,b}(t)) = |a|^{-1/2}\int_R f(t)\Psi\left(\frac{t-b}{a}\right)dt \qquad (5\text{-}56)$$

由此可知，小波变换与傅里叶变换一样，是一种积分变换。$W_f(a,b)$ 称为小波变换系数。小波基具有尺度 a、平移 b 两个参数，因此将函数在小波基上展开，就意味着将一个时间函数投影到二维的时间尺度相平面上。

其重构公式为

$$f(t) = \int_{-\infty}^{+\infty}\int_{-\infty}^{+\infty}\frac{1}{a^2}W_f(a,b)\Psi\left(\frac{t-b}{a}\right)dt \qquad (5\text{-}57)$$

连续小波具有下面的性质。

（1）线性性：一个多分量信号的小波变换等于各个分量的小波变换之和。

（2）平移不变性：若 $f(t)$ 的小波变换为 $W_f(a,b)$，则 $f(t-\tau)$ 的小波变换为 $W_f(a,b-\tau)$。

（3）伸缩共变性：若 $f(t)$ 的小波变换为 $W_f(a,b)$，则 $f(ct)$ 的小波变换为 $c^{-1/2}W_f(ca, cb)$，$c > 0$。

（4）自相似性：对应不同尺度 a 和不同平移参数 b 的连续小波变换之间是自相似的。

（5）冗余性：连续小波变换中存在信息表达的冗余度。

2）离散小波变换

实际运用中，连续小波必须加以离散化，离散化主要是针对连续的尺度参数 a 和平移参数 b 的离散，公式为：$a = a_0^j$, $b = ka_0^j b_0$，扩展步长 $a_0 \neq 0$ 为定值，通常取 $a_0 > 0$。对应离散小波序列 $\Psi_{j,k}(t)$ 为

$$\Psi_{j,k}(t) = a_0^{-j/2}\Psi\left(\frac{t-ka_0^j b_0}{a_0^j}\right) = a_0^{-j/2}\Psi(\Psi a_0^{-j}t - kb_0) \qquad (5\text{-}58)$$

为了使小波变换具有可变换的时间和频率分辨率，适应待分析信号的非平稳性，需要改变 a 和 b 的大小，以使小波变换具有变焦距功能。在工程中，广泛应用的是离散二进小波变换，即 $a = 2^j$，$b = k \cdot 2^{-j}$，$j, k \in Z$，也即 $a_0 = 2$，$b_0 = 1$，相应的离散小波函数序列 $\Psi_{j,k}(t)$ 为

$$\Psi_{j,k}(t) = 2^{-j/2} \Psi(2^{-j}t - k) \quad (j, k \in Z) \tag{5-59}$$

$\Psi_{j,k}(t)$ 也被称为二进小波。如果减小 j 值，即增大放大倍数 2^{-j}，就可以观察到信号更小的细节。

对于任意函数 $f(t) \in L^2(R)$ 的二进小波变换为函数序列 $\{W_2 f(k)\}_{k \in Z}$，其中

$$W_2 f(k) = \langle f(t), \Psi_{2^j}(k) \rangle = \frac{1}{2^j} \int_R f(t) \Psi(2^{-j}t - k) \mathrm{d}t \tag{5-60}$$

其重构公式为

$$f(t) = \sum_{j \in Z} W_2 f(k)^* \Psi_{2^j}(t) = \sum_{j \in Z} \int W_2 f(x) \Psi_{2^j}(2^{-j}t - k) \mathrm{d}k \tag{5-61}$$

二进小波只对尺度参数 a 离散，而对平移参数 b 保持连续，因此不破坏信号在时间域上的平移不变量。

2. 小波分析

小波分析的实质是采用簇小波函数替代正弦基去表示或逼近被分析信号，这一簇函数称为小波函数，它通过基小波函数的平移和伸缩演化构成。小波函数的主要特点有两个：一是"小"，也就是说小波基函数只在时域上存在很短的一段时间，就衰减到零；二是"波"，也就是信号具有波动性。

记基小波函数为 $\psi(x)$，伸缩和平移因子分别为 a 和 b，则一簇小波变换函数定义为

$$\psi_{a,b}(t) = |a|^{-\frac{1}{2}} \psi\left(\frac{t - b}{a}\right) \tag{5-62}$$

即 $\displaystyle\int_{-\infty}^{\infty} \psi(t) \mathrm{d}t = 0$

由上式可知，函数 $\psi(t)$ 正负交替且迅速收敛，这正体现了小波函数"小"和"波"的特点。

在式（5-62）中，平移因子 b 对应小波函数在时间轴上的位置，也即小波函数的时延，伸缩因子 a 对应小波函数在时间轴上的持续时间，也即小波函数的频宽。目前，常用的小波函数有 Harr 小波、Mexican Hat 小波、Morlet 小波、Daubechies 小波、Gaussian 小波、Meyer 小波等。

对应函数 $f(x) \in L^2(R)$，其连续小波变换定义为

$$W_f(a,b) = \int_{-\infty}^{\infty} f(t) \, \bar{\psi}_{a,b}(t) \, \mathrm{d}t = \frac{1}{\sqrt{|a|}} \int_{-\infty}^{\infty} \psi\left(\frac{t-b}{a}\right) \mathrm{d}t \qquad (5\text{-}63)$$

式中　$W_f(a,b)$——小波变换系数。

由 $W_f(a,b)$ 重构 $f(x)$ 的小波逆变换定义为

$$f(x) = \frac{1}{C_\psi} \int_{-\infty}^{\infty} \int_{-\infty}^{\infty} W_f(a,b) \psi_{a,b}(x) \, \mathrm{d}a\mathrm{d}b \qquad (5\text{-}64)$$

考虑到便于计算机实现，常常把连续小波及其变换离散化，这就是离散小波变换。离散小波变换对连续小波变换中的尺度和位移参数同时离散化，有

$$a = a_0^{-j}; \quad b = k a_0^{-j} b_0 \quad (j, k \in Z) \qquad (5\text{-}65)$$

通常，取 $a_0 = 2$，$b_0 = 1$，也称二进制离散化，得到二进小波和离散二进小波变换为：

$$W_{2k}f(x) = f^* \psi_{2k}(x) = 2^{k/2} \int_R f(t) \bar{\psi}\left(\frac{x-t}{2^k}\right) \mathrm{d}t \qquad (5\text{-}66)$$

为了从 $W_{2k}f(x)$ 恢复 $f(x)$，定义一个重构小波函数 $\chi(x)$，如果它的傅里叶变换满足

$$\sum_{j=-\infty}^{+\infty} \hat{\psi}(2^j\omega)\hat{\chi}(2^j\omega) = 1 \qquad (5\text{-}67)$$

则函数 $f(x)$ 可以从它的二进小波变换中恢复，即

$$f(x) = \sum_{j=-\infty}^{+\infty} W_{2j}f^* \chi_{2i}(x) \qquad (5\text{-}68)$$

傅里叶分析中有快速傅里叶算法，在小波分析中，Mallat 等人也建立了小波分解的快速算法——Mallat 算法，它在小波分析中的地位相当于 FFT 在经典傅里叶分析中的地位。Mallat 算法相当于有两个滤波器，一个是高通滤波器，另一个是低通滤波器，分别对信号进行滤波。高通滤波器将信号 $f(x)$ 的高频成分 D 滤出，D 也称为细节信号；低通滤波器将信号的低频成分 A 滤出，称 A 为逼近信号。以后第二层的逼近信号 A 又被继续分解成高低频两部分，这个过程将持续下去，直到获得所需要的信号分解。实际上，在小波分析结果的每个分量上其横坐标都表示的是时间，纵坐标则表示信号的幅值，其频率量由小波分析的尺度来表示。因此，小波的分析结果具有时频双重信息，这是明显优越于傅里叶分析的地方。

小波分析的尺度与信号频率到底是何对应关系？如果信号采样间隔为 Δt，尺度为 1 的小波对应的中心频率为 f_c，那么小波分析的尺度 a 所对应的被分析信号的中心频率为

$$f = \frac{f_c}{a\Delta t} \qquad (5\text{-}69)$$

式中 f——信号频率；

a——分析尺度；

Δt——采样间隔；

f_c——小波中心频率。

小波分析克服了傅里叶分析不能分析非平稳信号、不能提供时域信息的缺点，但小波分析也有其弱点，如分析结果存在虚假频率成分的情况。

小波分析在结构健康监测系统中可以有两部分作用，一是可以用来对信号进行去噪，二是可以对信号进行时频分析，在不同细节信号或逼近信号上提取反映结构状态的特征参数。

小波去噪的原理：设有一维信号 $f(n)(N = 0 \sim N \sim 1)$，利用 Mallat 算法可将其按式（5-67）和式（5-68）分解到不同水平上，表示成不同的频段的成分，记为

$$f(x) = A_J f(x) + \sum_{j=1}^{J} D_j f(x) \qquad (5\text{-}70)$$

其中，信号的最高频率为 f_{max}，$A_J f(x)$ 是信号频率低于 $2^{-J} f_{max}$ 的成分，而 $D_j f(x)$ 是信号中频率介于 $2^{-j} f_{max}$ 与 $2^{-(j+1)} f_{max}$ 之间的成分。

小波分解提供了一种从不同尺度观察信号的工具，在这些尺度上可以根据先验知识有效区分信号与噪声，再按 Mallat 算法重建得到去噪后的信号。

5.4.3 小波包分析

小波包分析是在小波分析的基础上发展起来的，它能够为信号提供一种更加精细的分析方法，它将频带进行多层次划分、多分辨分析，没有对细分的高频部分进一步分解，并能够根据被分析信号的特征，自适应地选择相应频带，使之与信号频谱匹配，从而提高了时－频分辨率，具有更高的应用价值。

1. 定义

小波包由一系列线性组合的小波函数组成，与其相应的小波函数具有同样的性质，如正交性、时频定位性等。小波包可定义为

$$\begin{cases} u_{2i}(t) = \sqrt{2} \sum_{k \in Z} h(k) u_i(2t - k) \\ u_{2i+1}(t) = \sqrt{2} \sum_{k \in Z} h(k) u_i(2t - k) \end{cases} \qquad (5\text{-}71)$$

通过上面的递推关系得到的函数集合 $\{u_i(t)_{i \in Z+}\}$ 为 $u_0 = \phi$ 中所确定的小波包。当 $i = 0$ 时，u_0 退化为尺度函数中 $\phi(t)$，u_1 为小波包的基函数 $\Psi(t)$。若 n 是一个倍数频率细化的参数，令 $i = 2^l + m$，则小波包的基函数简略记号为 $\Psi_{i,j,k}(t)$，其中整数 i,j 和 k 分别代表频率指标、尺度指标和位置变换参数。

$$\Psi_{i,j,k} = 2^{-j/2} \Psi_i (2^{-j} t - k) \qquad (i = 0,1,2,\cdots) \tag{5-72}$$

$f_j^i(t)$ 为第 j 层小波包分解的第 i 个频带的信号，与 $f_{j+1}(t)$ 具有如下关系：

$$f_j^i(t) = f_{j+1}^{2i-1}(t) + f_{j+1}^{2i}(t) \tag{5-73}$$

$$f_{j+1}^{2i-1}(t) = Hf_j^i(t), f_{j+1}^{2i}(t) = Hf_j^i(t) \tag{5-74}$$

2. 小波包信号重构

如何分析由小波包分解后的序列重构信号，Mallat 给出了具体算法。

在式（5-74）中，记 $H_{n,k} = h_{k-2n}$，$G_{n,k} = g_{k-2n}$，则有矩阵 $H = H_{n,k}$，$G = G_{n,k}$。式（5-71）重新记为

$$\begin{cases} c_{j-1}(n) = Hc_j(k) \\ d_{j-1}(n) = Gc_j(k) \end{cases} \tag{5-75}$$

则有

$$c_j(k) = H^* c_{j+1} + G^* d_{j+1} \tag{5-76}$$

式中，H^* 和 G^* 分别是 H 和 G 的对偶算子。式（5-76）即为重构算法，小波包的重构算法同样由此得到。很明显，由分解后的序列可一步步恢复出原始信号。

3. 技术特点

小波分析实际上展现了一种新的可变窗口技术，具有多分辨率的特点，对于低频信息采用大时窗，对于高频信息采用小时窗，这种随频率的变化而变化的时窗技术是符合自然规律的。而且它在时频两域都具有特征信号局部特征的能力，是一种窗口大小固定不变但其形状可改变，时间窗和频率窗都可以改变的时频局部化分析方法。它很适合用于探测正常信号中夹带的瞬态反常现象并展示其成分，被誉为分析信号的显微镜。小波包变换是小波变换的进一步完善与发展，对小波变换没有细分的高频成分进一步分解，并且能够根据被分析信号的特征自适应选择相应频带，使其与信号频谱相匹配，是一种应用更广泛的信号分析方法。

5.4.4　Hilbert-Huang 方法

HHT（Hilbert-Huang Transform）分析方法是信号处理领域的最新技术，由美国 NASA 科学家 N. E. Huang 在 20 世纪 90 年代后期提出。HHT 分析方法的核

心部分是采用经验模态分解方法（Empirical Mode Decomposition，EMD）将任意复杂信号分解成有限的固有模态函数集（Intrinsic Mode Function，IMF），这种分解不仅具有局部时频特性，而且具有自适应特性及较明确的物理意义。分解完毕后，再对 IMF 分量进行 Hilbert 变换可以得到 HHT 谱，HHT 谱能够准确地反映出物理过程中信号在空间（或时间）各种尺度上的分布规律，是目前第一种不需要利用特定函数形式（如傅里叶变换的三角函数、小波变换的小波基函数等）对数据进行分解的具有自适应能力的先进时频域信号处理方法。

1. 瞬时频率

瞬时频率是 Hilblet 分析中的一个基本概念。令 $x(t)$ 是一个随机信号，采用 Hilbert 转换可以为其定义唯一的虚部值，使该结果成为一个可解析的函数，即

$$y(t) = \frac{1}{\pi} P \int_{-\infty}^{\infty} \frac{x(t')}{t - t'} \mathrm{d}t' \tag{5-77}$$

式中　P——Cauchy 值。

这个变换对于所有的 L^P 函数都成立。

通过这个定义，$x(t)$ 和 $y(t)$ 可组成一个共轭复数对，得到一个解析信号为

$$z(t) = x(t) + iy(t) = a(t)\mathrm{e}^{i\theta(t)} \tag{5-78}$$

其中：

$$a(t) = [x(t) + y(t)]^{1/2} ; \theta(t) = \arctan\left(\frac{y(t)}{x(t)}\right) \tag{5-79}$$

本质上，式（5-78）将 Hilbert 变换定义为 $x(t)$ 和 $1/t$ 的卷积，因此它强调了 $x(t)$ 的局部特性。根据式（5-79），瞬时频率可定义为

$$\omega = \frac{\mathrm{d}\theta(t)}{\mathrm{d}t} \tag{5-80}$$

式（5-80）所定义的瞬时频率的物理意义是在某个点上信号相位变化的速度，其概念与通常意义上信号的频率概念有一定的区别，通常意义上的频率概念是依照有一定长度的信号来定义信号的快慢。那么信号的瞬时频率与通常意义上的频率概念在什么条件下相吻合呢？以一个简单的正弦信号为例：

$$x(t) = \alpha + \sin(t) \tag{5-81}$$

对 $x(t)$ 进行 Hilbert 变换，求其瞬时频率，其中 α 有 3 种取值，分别为 $\alpha = 0$、$\alpha > 1$、$\alpha < 1$ 的情况，只有 $\alpha = 0$ 的情况下，通过 Hilbert 谱分析得出的瞬时频率值为一个常值，其他情况下所得到的值都随时间而发生变换。对于所分析的正弦信号 $x(t)$，其通常意义上的频率为常值，因此可以得到结论：当被分析信号的均值为零时，对其进行 Hilbert 谱分析，所得到的瞬时频率与通常的信号频率是

相吻合的，其他情况下，瞬时频率不对应通常意义上的频率。

在工程中，所需要分析的信号大部分是非平稳信号，即均值不为零的信号，因此，无法直接对其进行 Hilbert 谱分析，以获得物理意义明确的瞬时频率量。Huang 等人于是提出了一个经验模态分解方法，以将任意复杂信号分解成有限的本征模式函数集，而这些本征模式函数都满足均值为零的条件，再对这些 IMF 进行 Hilbert 谱分析，从而可获得具有明确物理意义的瞬时频率量。

本征模式函数（IMF）是这样一种函数，它满足以下两个条件：①在整个数据范围内，极值点和过零点的数量必须相等或者最多相差一个；②在任何点处，所有极大值点形成的包络线和所有极小值点形成的包络线的平均值始终为零。

2. 经验模式分解

EMD 方法的大体思想是用波动的上、下包络线的平均值去确定"瞬时平均位置"，进而提取出本征模式函数。这种方法基于如下假设：①信号至少有两个极值点——一个极大值和一个极小值；②由极值点之间的时间间隔来定义特征时间尺度；③如果信号完全没有极值点而只是包括拐点，可以通过一次或几次积分来找到极值点。

通过经验模式分解获得本征模式函数的过程是一个筛选的过程。

假设原始数据序列为 $x(t)$，筛选步骤如下：

（1）找出数据序列的所有局部极大值。在这里，为更好保留原序列的特性，局部极大值定义为时间序列中某个时刻的值，其前一时刻的值不比它大，而后一时刻的值也不比它大。然后用 3 次样条函数进行拟合，得到原序列的上包络线 $x_{\max}(t)$。同样，可以得到序列的下包络线 $x_{\min}(t)$。

（2）对上、下包络线上的每个时刻的值取平均，得到瞬时平均值 m_1。

$$m_1 = \frac{x_{\max}(t) + x_{\min}(t)}{2} \tag{5-82}$$

（3）原数据序列 $x(t)$ 减去瞬时平均值 m_1，得到

$$h_1 = x(t) = m_1 \tag{5-83}$$

对于不同的数据序列，h_1 可能是本征模式函数，也可能不是。如果 h_1 中极值点的数目和跨零点的数目相等或最多只差一个，并且各个瞬时平均值 $m(t)$ 都等于零，那么它就是本征模式函数。然而，在实际应用中，包络均值可能不同于真实的局部均值，因此仍可能存在一些非对称波。所以，把 h_1 当作原序列，重复以上步骤，该筛选过程可以重复 k 次。

将 h_1 看作原始数据，重复上面的过程，直到 h_{1k} 满足 IMF 的条件，就得到了

分解出的第一阶本征模式函数 C_1。

至此，提取第一个本征模式函数的过程全部完成。

接下来，从原始信号中分离出分量 C_1，得

$$x(t) - C_1 = r_1 \tag{5-84}$$

然后把 $r_1(t)$ 作为一个新的原序列，按照以上的步骤，依次提取第 2、第 3、……直至第 n 阶本征模式函数 IMF_n。之后，由于剩余分量已经变成一个单调序列，所以再也没有本征模式函数能被提取出来了。这样就把信号分解为 n 个经验模式和一个余项 r_n 之和，该余项是原始数据的一个平均趋势或者是一个常量。如果把分解后的各分量合并起来，就得到原序列为

$$x(t) = \sum_{i=1}^{n} IMF_i(t) + r_n(t) \tag{5-85}$$

如上所述，整个过程就像一个筛选过程，这个过程还有两种作用：①减少叠加波；②平滑不平均的幅值。

在这里，直接通过 IMF 的定义来判定何时停止筛选显然不够方便，所以 Huang 定义了标准偏差（Standard Deviation，SD）来判断一个筛选何时完成。SD 可以由连续的两个筛选结果得到，即

$$SD = \sum_{t=0}^{T_0} \left[\frac{|(h_{1(k-1)}(t) - h_{1k}(t))|^2}{h_{1(k-1)}^2(t)} \right] \tag{5-86}$$

一般来说，SD 的值越小，所得的本征模式函数的线性和稳定性就越好，能够分解出的 IMF 个数也就越多。实践表明，当 SD 值介于 $0.2 \sim 0.3$ 之间时，既能保证本征模式函数的线性和稳定性，又能使所得的本征模式函数具有相应的物理意义。

3. Hilbert 谱

得到了本征模式函数就可以直接应用 Hilbert 变换了，瞬时频率也可以算出。对 IMF 进行 Hilbert 变换后，可以用下面的式子来表示信号，即

$$x(t) = \sum_{j=1}^{n} a_j(t) \exp\left(i \int \omega_j(t) \, dt\right) \tag{5-87}$$

式（5-87）可以实现在一个三维图中表达幅值与频率和时间之间的关系，又或者在频率时间的二维坐标中用灰度大小来表示振幅。这个时频分布的幅值谱就是 Hilbert 谱 $H(\omega, t)$，或简称 Hilbert 谱。

根据 Hilbert 谱的定义，还可以定义边缘谱 $h(\omega)$，即

$$h(\omega) = \int_0^{T_0} H(\omega, t) \, dt \tag{5-88}$$

边缘谱图描述了信号总的幅值（即信号的能量）在每个频率值处的分布情况。实际上，Hilbert 谱就是幅值-频率-时间的三维分布。每个时间-频率点处对应的值就是信号的局部幅值。所以，边缘谱中的频率说明在该频率处可能会出现一个振动，而精确的振动时间可以在 Hilbert 谱中获得。

5.4.5　Wigner-Ville 变换

Wigner-Ville 变换（简称 W-V 变换）是一种二次型非线性时-频分析方法，其定义为：对连续时间数值函数 $f(t) \in L^2(R)$，其 W-V 变换为

$$W(t,\omega) = \int_{-\infty}^{+\infty} f(t+\tau/2)\overline{f}(t-\tau/2)\,\mathrm{e}^{-\mathrm{j}\omega\tau}\,\mathrm{d}\tau \tag{5-89}$$

令 $\gamma(t,\tau) = f(t+\tau/2)\overline{f}(t-\tau/2)$，则 $W(t,\omega)$ 是 $\gamma(t,\tau)$ 对 τ 的傅里叶变换，从而有

$$W(t,\omega) \int_{-\infty}^{+\infty} \gamma(t,\tau)\,\mathrm{e}^{-\mathrm{j}\omega x}\,\mathrm{d}\tau \tag{5-90}$$

即　　　　$$\int_{-\infty}^{+\infty}\int_{-\infty}^{+\infty} W(t,\omega)\,\mathrm{d}t\mathrm{d}\omega = \int_{-\infty}^{+\infty} \left|f(t)\right|^2\,\mathrm{d}t \tag{5-91}$$

W-V 变换是信号能量在时-频二维空间上的分布，$W(t,\omega)$ 可以认为是信号在时频相平面的能量密度，但 W-V 变换未必总是正的，因此 W-V 变换的物理含义并不明确。

W-V 变换有许多优良的性质，在时-频分析中起着很大的积极作用，然而它是在全实轴上定义的，不便于实时分析处理，实际中仅能对短小数据进行处理，为此人们引入了伪 W-V 变换，相当于对信号加一个随时间移动的窗函数，W-V 变换的优良性质使其在许多领域都得到了研究和应用，如雷达探测、声呐定位、地震预报和图像处理等。

但 W-V 变换也存在着难以克服的问题：一是交叉项问题，虽然人们找到了一些方法来解决交叉项的问题，如时频两轴卷积法、采用解析信号进行分析等，但不能从根本上解决它；二是频率分辨率问题，W-V 变换与 STFT 一样，在时-频相平面上的分辨率是相同的，不随信号的频率变化而改变，给出的信息不完整，因而对非平稳信号和突变信号就显得无能为力了。

5.5　模式识别

在结构健康监测系统中，模式识别技术可用来将监测到的结构参数与结构的

各种工作模式或损伤模式进行对应，以明确给出结构的状态。模式识别技术的研究始于 20 世纪 40 年代，是伴随计算机的诞生而迅速发展起来的，目前已形成独立的学科。

由于世界上种种事物往往不能采用单一的或一组孤立的特征加以确定，而需要用相互关联的特征组成模式来进行描述，因此导致了模式识别技术的产生和发展。

模式识别方法可以分为统计决策法、结构模式识别法、模糊判决法、逻辑推理法和人工神经网络法。前两类方法比较成熟，是模式识别的基础技术。模糊判决法与前两种方法结合后，大大地改善了模式分类的效果。随着专家系统的广泛应用，逻辑推理法也得到重视和发展，人工神经网络法更是拓宽了模式识别方法。

在模式识别技术中，经常使用的术语有特征、模式样本、分类器、学习等。在结构健康监测系统中，传感器阵列中各个传感器的输出可以直接作为一组特征，也可以采用前述信号处理方法提取传感器输出的其他时域、频域、时频域或模态域等特征，这些特征可以依照特定的规律排列组合，形成模式。结构工作在不同的状态下，所对应的特征模式将有所不同，如果将结构在不同状态下的特征模式记录下来，就会获得一组样本。根据一定数量的样本（也称训练集或学习集），可以依据特定的分类决策方法进行分类器的设计，最终可以利用分类器，依据特征模式判别结构的工作状态。

一个典型的模式识别过程如图 5-1 所示。

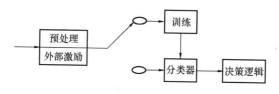

图 5-1　典型的模式识别过程

在模式识别方法中，距离分类法是采用较多的一种模式识别方法。距离分类法直接以各类训练样本点的集合所构成的区域表示各类决策区，并以模式距离作为样本相似性度量的主要依据，认为两样本模式的空间距离越近，表示实际样本越相似。

对两模式 $x = \{x_1, x_2, \cdots, x_i\}$，$y = \{y_1, y_2, \cdots, y_i\}$，所选距离函数一般应满足以下条件：

$$F_d(x,y) = F_d(y,x)$$

$$F_d(x,y) \leqslant F_d(y,x) + F_d(y,x)$$

$$F_d(x,y) \geqslant 0$$

$$F_d(x,y) = 0 \quad （当 x = y 时）$$

满足上述条件的距离函数有多种，常用的如下几种。

1. Minkowsky 距离函数

$$F_d(x,y) = \left[\sum_{i=1}^{n} |x_i - y_i|^{\lambda} \right]^{1/\lambda} \tag{5-92}$$

当 $\lambda = 1$ 时，称为 Manhattan 距离函数，这时

$$F_d(x,y) = \sum_{i=1}^{n} |x_i - y_i| \tag{5-93}$$

在式（5-93）前加上权重修正 W_i，称为 CityBlock 距离函数，这时

$$F_d(x,y) = \sum_{i=1}^{n} W_i |x_i - y_i| \tag{5-94}$$

当式（5-92）中的 $\lambda = 2$ 时，称为 Euclidean 函数距离（又称欧氏距离），这时

$$F_d(x,y) = \left[\sum_{i=1}^{n} |x_i - y_i|^2 \right]^{1/2} \tag{5-95}$$

2. Mahalanobis 距离函数

该距离函数又称为马氏距离，函数式为

$$F_d(x,y) = \sqrt{(x-y)^{\mathrm{T}} \sum\nolimits^{-1} (x-y)} \tag{5-96}$$

式中 $\sum$ ——相应的协方差矩阵。

马氏距离考虑样品的统计特征，排除了样品之间的相关性影响。马氏距离的关键是协方差矩阵的计算，它考虑了特征值之间不相关的情况。协方差矩阵为单位矩阵 1 时，马氏距离与欧氏距离相等。

3. Russel 和 Rao 距离函数

$$F_d(x,y) = a/(a+b+c+e) \tag{5-97}$$

其中，$a = \sum_{i=1}^{n} x_i y_i$；$b = \sum_{i=1}^{n} y_i(i-x_i)$；$c = \sum_{i=1}^{n} x_i(1-y_i)$；$e = \sum_{i=1}^{n} (1-x_i)(1-y_i)$。

根据研究问题的性质和计算量大小，还可采用类似于式（5-97）的距离函数，如 Dice 距离函数

$$F_d(x,y) = a/(2a + b + c) \qquad (5\text{-}98)$$

Kulzinsnk 距离函数

$$F_d(x,y) = a/(a + c) \qquad (5\text{-}99)$$

Yule 距离函数

$$F_d(x,y) = (ae - bc)/(ae + bc) \qquad (5\text{-}100)$$

5.6　人工神经网络

生物神经网络依据大量高度互联、功能简单的神经元的并行工作，可以以很快的速度解决复杂的问题。人工神经网络是模拟生物神经元工作的一类信息处理方法，在结构健康监测系统中有大量运用。其主要是实现模式识别及系统建模等工作。

5.6.1　神经元及神经网络结构

常用的多输入人工神经元模型如图 5-2 所示，神经元由输入向量 p、权值矩阵 W、求和单元、传递函数 f 及阈值 b 组成。神经元有 R 个输入，分别为 p_1，p_2，$\cdots$，p_R。它们分别对应权值矩阵 W 的元素 $w_{1,1}$，$w_{1,2}$，$\cdots$，$w_{1,R}$。权值模拟了生物神经元之间的连接强度，是一个相当重要的概念。权值矩阵元素的第一个下标表示相应神经元的编号，第二个下标表示的是输入的编号，图 5-2 是单神经元的情况，对于多输入的情况，w_{ij} 表示的是第 j 个输入与第 i 个神经元之间的连接权值。

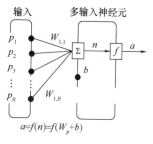

图 5-2　神经元模型

对于图 5-2 所示的神经元模型，其阈值 b 与所有输入的加权和累加，从而形成求和单元的输入：

$$n = w_{1,1}p_1 + w_{1,2}p_2 + \cdots + w_{1,R}p_R + b \qquad (5\text{-}101)$$

这个表达式也可以写成矩阵形式：

$$n = W_p + b \qquad (5\text{-}102)$$

其中单个神经元的权值矩阵 W 只有一列元素。

神经元的输出可以写成：

$$a = f(n) = f(W_p + b) \qquad (5\text{-}103)$$

式中　f——神经元的传递函数。

可用于神经元的传递函数有多种，表 5-1 列出了常用的神经元传输函数。

表 5-1　常用的神经元传输函数

名称	输入
硬极限函数	$a = 0, n < 0$ $a = 1, n \geqslant 0$
对称饱和线性函数	$a = -1, n < -1$ $a = n, -1 \leqslant n \leqslant 1$ $a = 1, n > 1$
对称硬极限函数	$a = -1, n < 0$ $a = +1, n \geqslant 0$
对数-S 型函数	$a = 1/(1 + e^{-n})$
线性函数	$a = n$
双曲正切 S 型函数	$a = (e^n - e^{-n})/(e^n + e^{-n})$
饱和线性函数	$a = 0, n < 0$ $a = n, 0 \leqslant n \leqslant 1$ $a = 1, n > 1$
正线性函数	$a = 0, n < 0$ $a = n, n \geqslant 0$

生物神经网络中，大量的相互连接的神经元协同工作，共同解决问题。同样，在人工神经网络中，单个神经元并不能满足实际应用的要求，需要将一定数目的神经元组成网络，共同解决实际问题。常用的神经网络结构有前馈型神经网络和反馈型神经网络。

网络输出的矩阵表达式为

$$a^3 = f^3(W^3 f^2(W^2 f^2(W^1 f^1 + b^1) + b^2) + b^3) \tag{5-104}$$

式中，每个字母的上标都表示其所处层数。可以看出，每层都有自己的权值矩阵 W，每个神经元也都有自己的阈值、求和输入向量和输出向量。

多层神经网络的功能要比单层网络强大得多。一般从理论上讲，一个 3 层神经网络可以逼近任意函数，因此在设计神经网络时通常所采用的层数不会超过 3 层。这种神经网络的输出取决于网络输入、网络的连接权值及结构参数，与时间无关。

除了前馈型神经网络以外，反馈型神经网络也是经常采用的神经网络结构。要实现反馈型神经网络，必须用到两个模块：延时模块和积分器模块。

延时模块的输出 $a(t)$ 由输入 $u(t)$ 根据下式得到：

$$a(t) = u(t-1) \tag{5-105}$$

所以，输出是延时了一个时间步的输入。该模块在 $t = 0$ 时刻的状态由外界初始化获得。

积分器模块的输出 $a(t)$ 由输入 $u(t)$ 根据下式得到：

$$a(t) = \int_0^t u(\tau)\mathrm{d}\tau + a(0) \tag{5-106}$$

初始条件 $a(0)$ 由指向积分器模块底部的箭头表示。

利用上述模块就可以构造出反馈型神经网络结构。

网络中的传输函数 satlins（ ） 为对称饱和线性函数，其输入输出关系为

$$a \begin{cases} -1, & n < -1 \\ n, & -1 \leqslant n \leqslant 1 \\ 1, & n > 1 \end{cases} \tag{5-107}$$

在这种网络结构中，网络的输出不仅与网络的输入、权值及网络结构参数有关，也与时间相关。输入向量 p 给出了网络的初始输出，即 $a(0) = p$。

网络根据其前一次输出计算当前的输出为

$$a(1) = satlins(Wa(0) + b), a(2) = satlins(Wa(1) + b), \cdots$$

反馈型神经网络比前馈型网络在本质上具有更强的能力，它可以表现出时间相关行为。

5.6.2　常用学习规则

神经网络在结构确定以后，要具备解决实际问题的能力，还必须确定网络的权值和阈值。学习规则就是用来寻找恰当权值和阈值的方法和过程，有时也称训练算法。学习的目的是训练网络来完成某种特定的工作。目前有很多类型的神经网络学习规则。大致可以将其分为两大类：有教师学习和无教师学习。

在有教师学习中，学习规则由一组描述网络行为的实例集合（训练集）给出，即

$$\{p_1, t_1\}, \{p_2, t_2\}, \cdots, \{p_q, t_q\}$$

其中，p_q 为网络的输入，t_q 为相应的期望输出。当输入作用到网络时，网络的实际输出与期望相比较，其误差作为学习规则调整网络的权值和阈值的依据，最终使网络的实际输出越来越接近于期望输出。

在无教师学习中，仅仅根据网络的输入调整网络的权值和阈值，它没有目标输出。乍一看这种学习似乎并不可行，不告诉网络正确的输出是什么，网络能自

发地输出正确结果吗？实际上，大多数这种类型的算法都是要完成某种聚类操作，学会将输入模式分为有限的几种类型。因此采用特定的算法，神经网络是可以实现的。

Hebb 规则、Widrow-Hofi 规则、BP 算法、Kohonen 规则是常用的四种神经网络学习规则。

1. Hebb 规则

Hebb 规则主要模拟生物神经细胞间连接强度的增强机制进行工作。生物神经元的输入与输出如果同时被激活，其输入与神经元的连接强度就会得到加强。因此应用于人工神经网络时，采用神经元的输入、输出之间的内积来调整权值大小。Hebb 规则分为有教师学习和无教师学习两种。

对于有教师的 Hebb 规则，将目标输出 t 代替实际输出 a，权值的修正规则为

$$w_{ij}^{\text{new}} = w_{ij}^{\text{old}} + t_{iq}P_{jq} \tag{5-108}$$

其中，t_{iq} 是第 q 个样本的期望输出 t_q 的第 i 个元素，P_{jq} 为第 q 个样本中输入向量 P_q 的第 j 个元素。

式（5-108）也可以写成向量形式：

$$W^{\text{new}} = W^{\text{old}} + t_q P_q^{\text{T}} \tag{5-109}$$

无教师的 Hedb 规则根据神经元的输入 P_j 和输出 a_i 的内积来修正权值 w_{ij}：

$$w_{ij}(q) = w_{ij}(q-1) + a_i(q)P_j(q) \quad (q = 1, 2, \cdots, Q) \tag{5-110}$$

这里，$P_j(q)$ 为第 q 个样本中输入向量 $p(q)$ 的第 j 个元素，$a_i(q)$ 为 $p(q)$ 输入时网络输出的第 i 个元素。

无教师的 Hebb 规则也可以写成向量形式：

$$W(q) = W(q-1) + a(q)P^{\text{T}}(q) \tag{5-111}$$

2. Widrow-Hoff 规则

Widrow-Hoff 规则主要用于单层神经网络，是一种基于特征指标搜寻最优权值的方法。其基本原理是首先为神经网络确定一个可以表达网络性能的特征参数，然后在网络权值的可能取值空间中寻找使该特征参数最优的权值。寻优算法一般采用最陡下降算法。在 Widrow-Hoff 学习算法中，性能指标是均方误差的数学期望，其表达式为

$$F(x) = E[e^2] = E[(t-a)^2] \tag{5-112}$$

式中，x 由网络权值和阈值组成。在实际使用时，由于无法求出均方误差的数学期望，通常采用近似的最陡下降法，采用式（5-112）来估计 $F(x)$ 的均方误差

的数学期望。这里均方误差的期望值被第 k 次迭代时的均方误差所代替，即

$$F(x) = (t(k) - a(k))^2 = e^2(k) \tag{5-113}$$

由此，更新权值矩阵的第 i 行第 j 个元素时使用

$$w_{i,j}(k+1) = w_{i,j}(k) + 2\alpha e_i(k)p_j(k) \tag{5-114}$$

其中，$e_i(k)$ 是第 k 次迭代时误差向量的第 i 个元素。

更新阈值向量的第 i 个元素使用

$$b_i(k+1) = b_1(k) + 2\alpha e_i(k) \tag{5-115}$$

Widrow-Hoff 学习规则可以方便地用矩阵记号表示为

$$W(k+1) = W(k) + 2\alpha e(k)p^{\mathrm{T}}(k) \tag{5-116}$$

和

$$b(k+1) = b(k) + 2\alpha e(k) \tag{5-117}$$

式中，误差 e 和阈值 b 是向量。

3. BP 算法

BP 算法是在 Widrow-Hoff 学习规则基础上发展起来的，可用于前馈多层网络的学习。如前所述，多层网络中某一层的输出成为下一层的输入。描述此操作的等式为

$$a^{m+1} = f^{m+1}(W^{m+1}a^m + b^{m+1}), \quad m = 0,1,\cdots,M-1$$

式中，M 是网络的层数。

多层网络的 BP 算法是 Widrow-Hoff 学习规则的扩展。两个算法均使用相同的性能指数——均方误差。算法将调整网络的参数以使均方误差最小化，即

$$F(x) = E[e^2] = E[(t-a)^2] \tag{5-118}$$

若网络有多个输出，则式（5-118）的一般形式为

$$F(x) = E[e^{\mathrm{T}}e] = E[(t-a)^{\mathrm{T}}(t-a)] \tag{5-119}$$

实际使用时，同样采用第 k 次迭代时的均方误差代替均方误差的期望值，采用 $F(x)$ 来近似计算均方误差为

$$F(x) = (t(k) - a(k))^{\mathrm{T}}(t(k) - a(k)) = e^{\mathrm{T}}(k)e(k) \tag{5-120}$$

BP 算法之所以能够用来训练多层前馈网络，主要是因为 BP 算法有一个从最后一层到前面各层进行逐层修正网络误差的反向传播过程。网络学习从输入层开始向前传播，则每一层神经元的状态只影响到下一层神经元网络。当输出层不能得到期望的输出时，实际输出和期望输出之间存在误差，则转入反向传播过程，将误差信号沿原来的传递路径返回，逐层修改神经元的权值，然后从输入层开始向前进行传播得到输出。通过上述过程不停地往复，使得误差信号最小。当

误差达到人们所希望的要求或往复次数达到规定的数目时，网络学习过程即结束。

BP 算法的主要步骤如下：

第一步是通过网络将输入向前传播：

$$a^0 = p \ (a^0 \text{ 为第一层神经元从外部接收的输入}) \tag{5-121}$$

$$a^{m+1} = f^{m+1}(W^{m+1}a^m + b^{m+1}) \quad m = 0, 1, \cdots, M - 1 \tag{5-122}$$

$$a = a^M (a \text{ 为最后层神经元的输出即网络输出}) \tag{5-123}$$

下一步是通过网络将敏感性 s^m 反向传播，从最后一层通过网络反向传播到第一层：

$$S^M \rightarrow S^{M-1} \rightarrow \cdots \rightarrow S^2 \rightarrow S^1 \tag{5-124}$$

$$S^M = -2F^M(n^M)(t - a) \tag{5-125}$$

$$s^m = F^m(n^m)(W^{m+1})^T S^{m+1}, \ m = 0, 1, \cdots, M - 1 \tag{5-126}$$

这里 $\quad F^m(n^m) = \begin{bmatrix} \partial f^m(n_1^m)/\partial n_1^m & 0 & \cdots & 0 \\ 0 & \partial f^m(n_2^m)/\partial n_2^m & \cdots & 0 \\ \vdots & \vdots & & \vdots \\ 0 & 0 & \cdots & \partial f^m(n_{s^m}^m)/\partial n_{s^m}^m \end{bmatrix}$

$$\tag{5-127}$$

$$n_i^m = \sum_{j=1}^{s^{m-1}} w_{i,j}^m a_j^{m-1} + b_i^m \tag{5-128}$$

最后，使用近似的最速下降法更新权值和阈值：

$$W^m(k + 1) = W^m(k) - \alpha s^m (a^{m-1})^T \tag{5-129}$$

$$b^m(k + 1) = b^m(k) - \alpha s^m \tag{5-130}$$

式中，a 表示学习速度。

BP 算法是一种重要的神经网络算法，也是目前采用最多的算法之一。但标准 BP 算法存在一些缺点，如隐含层神经元个数难以确定可能收敛到局部极小点，对不在训练样本中的输入可能产生较大误差等，因此在实际使用时往往采用一些标准 BP 算法的改进算法，如可变学习率的改进算法或增加动量项的改进算法等。

4. Kohonen 规则

Kohonen 规则是一种联想学习规则，它允许神经元的权值学习输入向量。在 Kohonen 规则中，不是所有的神经元都能在学习过程中得到学习，只有满足某种特定条件的神经元及其邻域中的神经元才能获得学习的机会。假设神经元 i^* 是满足特定条件的神经元，则将 $N_{i^*}(d)$ 称为神经元 i^* 的邻域，它包含所有落在以神经元 i^* 为中心、半径为 d 的区域，该区域内的所有神经元可以获得学习的机会。

$$N_{i^*}(d) = \{j, d_{ij} \leq d\} \tag{5-131}$$

当然，邻域也可以是一维或三维的。神经网络对邻域的确切形状并不敏感。获得学习机会的神经元按以下规则更新权值：

$$w_{ij}(q) = w_{ij}(q-1) + \alpha(p_j(q) - w_{ij}(q-1)) = (1-\alpha)w_{ij}(q-1) + \alpha P_j(q)$$
$$i \in N_{i^*}(d), j = 1, 2, \cdots, N \tag{5-132}$$

式中，N 为输入层节点个数。

5.6.3　小波神经网络

小波神经网络（Wavelet Neural Network）是近年来发展起来的一种新型人工神经网络方法，它采用小波基函数替代了通常 BP 网络中的 Sigmoid 函数，结合了小波分析的良好时频局部化性质和神经网络的自学习功能。由于小波基函数的时频局部化特性，使得神经网络对信号，尤其是高频瞬态信号的逼近能力大大增强，适合结合主动监测方法应用于结构健康监测中。另外，小波神经网络与传统 BP 网络相比，还具有收敛速度快、网络结构易于确定等优点。

下面以小波基函数网络为例对小波神经网络进行介绍。图 5-3 就是一个典型的小波神经网络结构，其隐层节点传递函数采用小波函数。各类输入样本的差异是通过具有不同参数的小波函数集来体现的。在一维输入情况下，小波函数集即 $\{\varPsi_{ab}(x)\}$；在多维输入的情况下，隐层基函数为 $\prod_i(\varPsi_{ab}(x))$，i 为输入维数，因此表征样本差异的小波函数集为 $\{\prod_i(\varPsi_{ab}(x))\}$。使用后向传播算法完成小波函数参数 a、b 和网络参数 w 的训练。这样，网络训练将充分利用到小波函数的局域化特性。

使用神经网络进行特征分类或模式识别，一般都是多输入多输出结构。图 5-3 中，每类损伤模式的输出都可由小波基 $\prod_i(\varPsi_{ab}(x))$ 表示。隐层输出可表示为

$$a_\psi(j, 1) = a_\psi(j) = \prod_{i=1}^{S_1} \varPsi((p_i - b(i,j))/a(i,j)), \ 1 \leq j \leq S_2 \tag{5-133}$$

式中，a、b 为 $S_1 \times S_2$ 的矩阵，S_1 为输入层节点数，S_2 为隐含层节点数。继而得到神经网络输出：

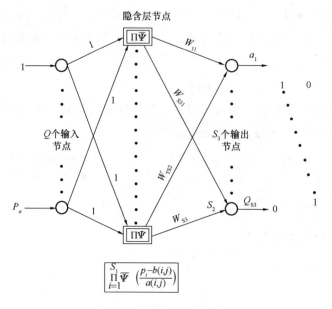

图 5-3　小波神经网络结构

$$a_\omega(k,1) = a_\omega(k) = \sum_{j=1}^{S_2} w(k,j) \times a_\psi(j,1)(1 \leqslant k \leqslant S_3) \qquad (5\text{-}134)$$

式中，w 为 $S_3 \times S_2$ 的矩阵，S_3 为输出节点数。待训练的小波神经网络参数包括小波函数参数矩阵 a、b 和网络权值 w。定义能量函数 E 为

$$E = \sum_{k=1}^{S_3} [e(k)]^2/2 = \sum_{k=1}^{S_3} [a_w(k) - t(k)]^2/2 \qquad (5\text{-}135)$$

E 分别对 a、b、w 求偏导数，可以得到 a、b、W 的修正公式为

$$\Delta w(k,j) = -\sum_{n=1}^{S_3} e^{(n)}(k) \times t^{(n)}(j)(1 \leqslant k \leqslant S_3, 1 \leqslant j \leqslant S_2) \qquad (5\text{-}136)$$

$$\Delta b(i,j) = \sum_{n=1}^{S_3} \left\{ \begin{array}{l} \left[\sum_{k=1}^{S_3} w^{\mathrm{T}}(j,k) \times e(k) \right] \times (-1/a(i,j)) \times \\[2mm] \Psi'[(p_i - b(i,j))/a(i,j)] \times \\[2mm] \prod_{\substack{m \neq i \\ m=1}}^{S_1} \Psi[(x_i^{(n)} - b(i,j))/a(i,j)] \end{array} \right\} 1 \leqslant i \leqslant S_1, \ 1 \leqslant j \leqslant S_2$$

$$(5\text{-}137)$$

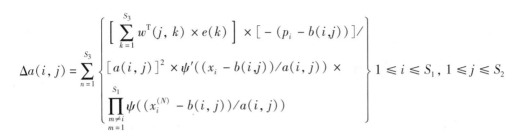

$$\Delta a(i,j) = \sum_{n=1}^{S_3} \left\{ \begin{array}{l} \left[\sum_{k=1}^{S_3} w^{\mathrm{T}}(j,k) \times e(k) \right] \times \left[-(p_i - b(i,j)) \right]/ \\ \left[a(i,j) \right]^2 \times \psi'((x_i - b(i,j))/a(i,j)) \times \\ \prod_{\substack{m \neq i \\ m=1}}^{S_1} \psi((x_i^{(N)} - b(i,j))/a(i,j)) \end{array} \right\} \quad 1 \leqslant i \leqslant S_1, 1 \leqslant j \leqslant S_2$$

$$(5\text{-}138)$$

其中，n 代表当前输入的是第几类样本，$1 \leqslant n \leqslant S_3$。

　　式（5-136）~式（5-138）采用的都是批处理修正模式，所有样本输入完毕后才修正一次。

第6章　监测信息化平台

作为一门综合性技术，土木工程监测涉及结构动力学信息传感技术、损伤识别、信号分析与处理优化设计等多个学科领域；一个完整的土木工程监测系统主要是通过安装在结构上的传感器获取结构的响应信号，进而通过系统中软、硬件的联合应用对信号进行处理分析，得出结构的实时状况，及时采取措施进行维护。下面分别从硬件系统监测平台和软件系统监测平台进行阐述。

6.1　硬件系统监测平台

硬件系统监测平台综合了现代传感技术、网络通信技术、信号分析与处理技术等多个领域的知识。硬件系统监测平台的完善可以在一定程度上提高结构监测评估的可靠性。高性能的硬件系统监测平台能使整个结构始终处于被监测状态，通过优化的传感器布置方法、高效的信息采集及信息处理技术，得到准确、完整的监测数据，最后将换算整理后的数据存储在本地存储器中，或经过网络传给监控中心进行技术分析。其工作流程如图6-1所示。

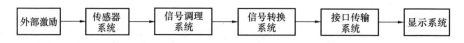

图6-1　硬件系统监测平台工作流程

6.1.1　数据采集系统

结构监测的数据采集系统是一个集软、硬件于一体的综合性平台，同时涉及计算机和信号分析等多个学科领域，为实现结构数据的实时采集和正确分析，要求系统具有较高的自动化程度和精确度。通常，一个完整的数据采集系统包括传感器系统、信号调理系统、信号转换系统、接口与数据传输系统、显示系统五部分，下面对其中的传感器系统和信号调理系统进行简要的介绍。

1. 传感器系统

传感器系统的作用是按一定规律将被监测量转换为数据采集系统能够识别的

电信号。高性能的传感器应该能够将各种被监测量转换为高输出电平的电量，能够提供零输出阻抗，噪声水平低，并具有良好的线性和重现性。而对于同一种物理参量，一般会有多种传感器根据各自的不同原理和特性来进行测量，并按照低成本、高效益和具体测量环境的要求选用合适的传感器。

传感器系统应该着重考虑感知元件的类型、数量和在工程结构上的布点位置三方面的问题。元件的选型在前面几章中已有论述，传感器的数量由布点的优化要求来确定。从理论上讲，传感器数量越多，所获取的结构模态参数越多，越能够辨别出结构的状态。但是随着传感器数量增多，系统中相配套的其他设备和材料也会相应增加，大大增加系统的成本费用。传感器最优配置的任务就是构建一个相对最佳的传感器网络，达到成本与系统指定监测性能指标之间的最佳平衡。

2. 信号调理系统

由传感器输出的电信号通常极其微弱，无法被数据采集系统直接采样，更无法被计算机接收，所以必须对传感器获得的信号进行调理。信号调理系统可将传感器产生的模拟信号进行缓冲、放大、衰减、隔离、滤波以及线性化，以获得所需的规准化的信号。

（1）放大、隔离。由传感器产生的小信号必须经过放大，以提高分辨率。自动测试中放大器的增益一般可调控或自动调节，以保证输出信号的适用性和稳定性。当放大信号与两者的最大动态电压范围相等时，可达到最大的测量精度。此外，由于监控系统中高压的存在，必须将其与传感器进行隔离，同时，隔离还可避免数据采集系统受共模电压差异的影响。

（2）滤波。滤波的目的是消除混入被测信号中的一些干扰信号。通常，在信号被送到采集系统之前都要加一个滤波器以消除噪声，如对振动等快速变化的信号要加一个抗混滤波器以保留某些高频信号。自动测试中滤波器的截止频率一般可调控，但这些截止频率大多处于固定范围内，所以有时需要辅以软件进行滤波处理。

（3）线性化和激励。许多传感器的输出为非线性响应，故在信号调理中需要对信号进行线性化处理。此外，系统还需要为某些传感器提供电压或电流激励，如常用的电阻应变片，需要一个电压源激励，另有一些传感器需要一个电流源激励。

传感器和对应的信号调理系统密不可分，在给定传感器的情况下，应根据传感器要求选择合适的信号调理设备。

此外，信号转换系统主要是采用合理的 A/D 转换技术将放大后的模拟电压信号转换为计算机能够识别、传输和处理的数字信号；接口与数据传输系统则是完成测量数据向计算机或存储器的传输；显示系统是负责将数据库中的数据提取出来并对其进行绘图显示，以模拟出结构参数的变化。

总之，在选择数据采集设备时应根据现场条件和实际需要选择最合适的数据采集设备，但无论选择哪种采集设备，都应遵循上述对硬件系统的基本要求。

6.1.2　监测系统的实现方法

通常，一个工程结构需要监测的内容很多，涉及力、位移、加速度、温度等诸多参数。因此，在结构监测系统中，往往需要数量和种类较多的传感器。这些各式各样的传感器如何组成网络，是结构监测系统集成时需要解决的问题。目前根据组网方式的不同分为有线监测和无线监测两种。

1. 有线监测

有线监测是指系统中的每个传感器均通过导线与监测中心的数据采集设备或计算机系统相连接，以构成有线监测系统。在有线监测系统中，目前以现场总线技术的应用最为广泛。

现场总线技术一般定义为：一种用于智能化现场设备和自动化系统的开放式、数字化、双向串行的多节点通信总线。

现场总线技术有如下优点：

（1）节省硬件数量与投资。由于现场总线系统中分散在设备前端的智能设备能直接执行传感、控制、报警和计算等多种功能，因而可减少变送器的数量，不再需要单独的控制器、计算单元等，也不再需要 DCS 系统的信号调理、转换、隔离技术等功能单元及复杂接线，还可以用 PC 机作为操作站，从而节省了一大笔硬件投资。

（2）节省安装费用。现场总线系统的接线十分简单，由于一对双绞线或一条电缆上通常可挂接多个设备，因此电缆、端子、槽盒、桥架的用量大大减少，连线设计与接头校对的工作量也相应减少。当需要增加现场控制设备时，无须增设新的电缆，可就近连接在原有的电缆上，既节省了投资，又减少了设计、安装的工作量。

（3）节省维护开销。由于现场控制设备具有自诊断与简单故障处理的能力，并通过数字通信将相关的诊断维护信息送往控制室，故用户可以查询所有设备的运行、诊断维护信息，便于早期分析故障原因并快速排除，从而缩短维护停工时间。由于系统结构简化、连线简单，因此也减少了维护工作量。

（4）提高了系统的准确性与可靠性。由于现场总线设备的智能化、数字化，与模拟信号相比，它从根本上提高了测量与控制的准确度，减少了传送误差。同时，由于系统的结构简化，设备与连线少，减少了信号的往返传输，提高了系统的工作可靠性。此外，由于设备的标准化和功能模块化，还具有设计简单、易于重构等优点。

2. 无线监测

1996年，美国学者Straser、Kiremidjian提出运用无线技术替代结构有线监测系统的思想，开启了无线传感技术在结构监测领域的应用先河，并研制了一套实时的损伤识别结构监测系统。以这些学者的工作为基础，J. P. Lynch等人运用标准的集成电路开发了一个无线传感器的模型，整个传感器节点包括一个八位微处理器，监测单元由微加速度芯片构成，并且使所集成的无线传感器在实验室中得到了验证。这为工程应用奠定了基础。

无线监测与有线监测有很多相似之处，不同的就是无线监测采用的是无线智能传感器，解决了传感器布线难、工作量大的问题，同时使系统配置灵活方便，便于系统维护。无线传感器网络综合了传感器信息采集技术、嵌入式计算技术、无线通信技术、分布式信息处理技术等，能够通过各类集成化的微型传感器协同实时监测、感知和采集各种环境或监测对象的信息，通过嵌入式系统对信息进行处理，并通过随机自组织无线通信网络将感知的信息传送到用户终端。无线传感器网络由多个功能相同或不同的无线传感器节点组成，每一个传感器节点都由数据采集模块（传感器、转换器、数据处理）、控制模块（微处理器、存储器）和通信模块（无线收发器和供电模块电池、能量转换器）等组成。节点在网络中可以充当数据采集节点、数据中转节点或簇头节点的角色。作为数据采集节点，数据采集模块收集周围环境的数据如温度、湿度，通过通信路由协议直接或间接将数据传输给远方基站或网关节点作为数据中转节点。节点除了完成采集任务外，还要接收邻近节点的数据，将其转发给距离基站更近的节点或者直接转发到基站或网关节点作为簇头节点。簇头节点负责收集一定区域内所有节点采集的数据，经数据融合后，发送到基站或网关节点。

无线传感器网络的产生顺应了大型工程监测领域向网络化、信息化、智能化方向发展的趋势。与应用于监测系统中的传统有线监测网络相比，无线传感器网络具有以下特点：

（1）传感器节点之间以无线自组网方式通信，不同于传统有线网络的中心控制通信模式，这使得无线传感器网络便于安装，维护成本低，通过简单的配置可以实现自动化、智能组网，便于工程监测。

（2）无线传感器网络是以数据为中心的网络，不需要针对具体的节点进行操作，屏蔽了节点的拓扑结构，使监测数据透明地与结构中的监测对象关联起来，通过简单直观的显示，维护人员可以轻易地获取工程监测中的重要数据，便于对工程状况进行快速诊断。

（3）网络容错能力强。大型工程监测环境通常很复杂，有时甚至很恶劣，导致传感器易受干扰和出错。无线传感器网络采用大规模地部署传感器节点，通过信息融合的方式可提供精度更高、更准确的监测数据。

但是，无线传感器也存在一些发展的瓶颈。由于无线传感器由电池供电，所能提供的能量有限，在很大程度上制约了计算、存储与网络通信能力。另外，目前的无线网络技术相对于其他监测网络技术在可靠性方面仍然存在一定差距，但这一差距正在逐渐缩小。

6.1.3　信号处理

在测量的过程中经常会遇到一些脉冲型的干扰和噪声，这些干扰和噪声数据会影响数据的获取与分析，因此必须采用相应的滤波算法处理这些干扰的数据，同时很好地保留正确的测量值，这就需要寻找针对该应用环境的高性能滤波算法。同时，在结构中布设的传感器的种类和数量较多，如位移、速度、应力、应变传感器等，监测系统将获取大量的数据，如何对这些海量数据进行特征提取、分离、压缩，得出能反映结构真实变化的信息，是实现结构监测的重要任务。

1. 信号滤波

结构监测系统对工程结构分析评估结果的准确性和精度，与传感器类型、数量、数据采集模块等硬件设施的性能密切相关。在对信号进行采集的过程中，由于介质输送过程中产生摩阻及其他因素的影响，使测得的信号带有很大的噪声成分。此外，采集到的数据要通过电缆、仪表及终端设备传输到控制中心，加上现场环境中的各种干扰，在采样信号中也存在大量的噪声与扰动。在干扰严重的情况下，噪声可以淹没有效信号，此时经硬件设备进行模数转换后的数字信号已经不能反映实际工程结构对象的状态信息。要使监测系统能正确反映对象的实时状况，保证采集数据的正确性，如何尽可能地去除采集信号中的噪声成为一个值得研究的问题。

滤波技术是现代数字信号处理领域一项重要的研究内容，它在信号分析、图像处理、模式识别、监控等领域得到了广泛的应用和发展。滤波处理从其实现的方式可分为硬件滤波和软件滤波两大类。硬件滤波器也称为模拟滤波器，是指在电路设计的过程中，增加一定数量的元器件（主要为阻容器件），通过对器件阻值的配置，将某些频率的干扰从硬件上滤除。在硬件系统设计的过程中，须尽可能地抑制各种干扰信号。随着集成电路技术的发展，也出现了许多集成滤波芯片，这些集成芯片的出现大大提高了硬件滤波器的性能。软件滤波器是通过一定的软件算法滤除一定频率的干扰信号，这种滤波器也称为数字滤波器。目前数字滤波器也已成为测量系统的重要组成部分。

2. 信号分析

在结构中布设的传感器的种类和数量很多，在环境激励作用下产生的各种信息，由传感器变换为信号输出。信号中包含丰富的用来作为故障诊断依据的各种特性参数，同时还伴随各种各样的干扰数据，而且多半以随机的形式出现。为了对系统进行故障诊断，需要从这些信号中取出诊断所需的特性参数并确定其特性曲线。

根据信号源的特性，信号可分为确定性信号和随机信号。确定性信号可以准确地用一个确定性的时间函数来描述，并可以准确地加以重现。而随机信号不能用确定性的时间函数来描述，也不能准确地加以重现。两类信号的详细分类见表6-1。

表6-1　信号分类

确定性信号				随机信号		
周期信号		非周期信号		平稳随机信号		非平稳随机信号
正余弦信号	稳态周期信号	准周期信号	瞬变信号	各态历经平稳随机信号	非各态历经随机信号	

非平稳随机信号是时间的函数。在以设备振动信号为状态参量的设备运行状态检测与故障诊断中，因为设备运行转速的不稳定，荷载的变化以及设备故障产生的冲击、摩擦，导致产生非平稳与非线性振动。严格地说，许多实际信号属于非平稳随机信号，基于平稳过程与线性过程的传统信号处理理论难以发挥作用。这种情况下就需要引入能处理非平稳与非线性信号的时频分析方法。但是由于受理论分析方法的限制，在20世纪80年代以前，人们对于信号进行分析一般仅局限于平稳的情况，之后随着时频分析理论与计算方法的发展，对于非平稳随机信号分析与处理的研究逐渐受到人们的关注，并日益得到发展和完善。

6.2 软件系统测试平台

硬件系统负责采集监测对象结构特性参数演化过程的信息，并将其转变为监测人员能够识别的信号；软件系统通过对数据的存储传输和处理分析，监测结构的运行状态，对结构的安全做出评估。

6.2.1 监测系统集成

数据采集与处理及传输子系统包括硬件和软件两部分。硬件系统包括数据传输电缆/光缆、数模转换（A/D）卡等；软件系统将数字信号以一定方式存储在计算机中并进行分析处理。采集的数据经预处理后存储在数据管理子系统中，数据采集子系统是联系传感器子系统与数据管理子系统的桥梁。

损伤识别、模型修正和安全评定子系统由相应的损伤识别软件、模型修正软件和结构安全评定软件组成。在该系统中，一般首先运行损伤识别软件，对监测对象进行损伤识别，一旦发现结构物存在损伤，软件系统将分别启动模型修正软件和安全评定软件。

损伤识别是在结构反应信息基础上进行的，结构反应信息由数据采集子系统采集后存储在数据管理子系统中，因此，损伤识别软件运行时，将从数据管理子系统中自动读取结构反应信息数据。结构损伤识别和模型修正以及安全评定的结果将作为结构物历史档案数据存储在数据管理子系统中，因此，损伤识别、模型修正以及安全评定的结果将能够自动存入数据管理子系统中。损伤识别软件通常由计算分析软件平台开发，如 MATLAB、C＋＋等；模型修正和安全评定软件一般是结构分析软件，如 ANSYS 和其他结构分析设计软件等。

数据库负责管理结构物建造信息、几何信息、监测信息和分析结果等全部数据，承担着监测系统的数据管理功能，是数据管理子系统的核心也是结构监测系统的核心。

6.2.2 监测系统集成方案

结构监测系统由多个子系统连接组成，各个子系统间实现信息综合和资源共享，提高系统维护和管理的自动化水平及协调运行能力。系统集成须遵循模块化、开放性、可扩充性、可靠性、容错性和易操作性的原则。系统集成有两个目标：统一控制和管理系统中的各子系统，并提供用户界面，方便在用户界面上进行操作；采用开放的数据结构，保证信息资源共享。系统集成通过统一控制和管理数据库，提供一个开放的平台，使各子系统可以自由选择所需数据，充分发挥各子系统的功能，提高系统的运行效率。由于监测系统的集成主要是通过软件系统实现监测系统软硬件的接口，因此，系统集成的问题即具体为在某一通用软件平台上的各功能软硬件之间的接口和调用问题，这一通用软件平台称为系统集成的"核心软件"。

此外，系统必须设置客户端以满足多用户的需求，无论是现场的工作人员，还是结构物维护的管理者和决策人员，都需要在每一时刻了解结构物各方面状况，因此，集成系统的体系结构（即系统模式）的选择至关重要。通常情况下，系统模式有以下两种：

（1）C/S 模式，即 Client/Server 模式。

（2）B/S 模式，即 Browser/Server 模式。

Client/Server（客户机/服务器）模式把数据库内容放在远程的服务器上，而在客户机安装相应客户端软件。C/S 模式在技术上很成熟，它的主要特点是交互性强、具有安全的存储模式、网络通信量低、响应速度快、利于处理大量数据。但是该模式的程序开发具有针对性，变更不够灵活，维护和管理的难度大，通常只局限于小型局域网，不利于扩展。并且由于该模式的每台客户机都需要安装相应的客户端程序，分布功能弱且兼容性差，不能实现快速部署安装和配置，因此缺少通用性，在实际应用中具有较大的局限性，要求具有一定专业水准的技术人员去完成。

Browser/Server（浏览器/服务器）模式只安装维护一个服务器，而客户端采用浏览器运行软件。它是随着互联网技术的兴起，对 C/S 模式的一种变化和改进，主要利用了不断成熟的浏览器技术，结合多种 Script 语言（VBScript、Javascript 等）和 ActiveX 技术，是一种全新的软件系统构造技术。B/S 模式的主要特点是分布性强、维护方便、开发简单且共享性强、总体成本低。但 B/S 模式也有一些缺点，主要表现在安全性欠缺、对服务器要求较高、数据传输速度较慢、软件的个性化操作模式较少，难以实现传统模式下的特殊功能要求，如通过浏览器进行大量的数据录入或进行报表的编制、专业性的打印输出都有些不便。

6.2.3　软件系统测试平台功能

复杂结构监测系统的特点是：监测信息连续变化，数据显示与安全评定的实时性要求高、数据量大，并且要求所有传感器的历史数据都完整保存以供相关人员离线分析。因此，整个系统中心数据库须由高性能的数据库系统构成，记录并管理结构物服役状态的监测数据和历史档案。中心数据库承担着记录和管理结构物全系统信息和全寿命过程数据的作用，是结构监测系统的核心。

结合计算机学科领域的最新研究成果，大型网络数据库 SQL 或 Oracle 等可作为结构监测系统的中心数据库。

6.2.4　软件测试平台实现方案

土木工程监测是一个大的学科范畴，它涉及大跨径桥梁、高层建筑、大坝、边坡等工程的监测；结构物的监测又因为其功能的不同而各具特色。

1. 各子系统及其软件方案

数据采集子系统是监测系统的硬件设备和软件系统之间的桥梁，数据采集软件最基本的功能是能够实时采集、显示和存储传感器信号，并对数据采集硬件进行实时处理。根据监测系统实时性的要求，当采集的数据判断为异常数据时，它必须能触发其他模块工作，因此，还要求数据采集软件能够根据指令实时调用其他软件模块。

数据采集软件开发平台有多种选择，数据采集软件编程方法正逐步走向可视图形化。目前美国 NI 公司的 LabVIEW 和 HP 公司的 VEE 软件开发平台应用较广泛。其中 VEE 主要面向仪器控制；而 LabVIEW 是一种图形化的软件开发环境，与传统编程语言（C 语言、Visual Basic 和 Visual C ++ 等）有着相似的数据类型、数据流控制结构、程序调试工具，以及具有层次化、模块化的编程特点。NI 公司的另一专业数据采集开发平台为 LabWindows，它是基于 C 语言构建数据采集系统的交互式软件开发环境，可以模块化方式对 C 语言进行编辑、编译、连接和调试，与 LabVIEW 相比，LabWindows 更加灵活，代码执行效率更高，适用于开发更复杂的数据采集系统，但是其开发过程较复杂，不易于非专业人员使用。目前，LabWindows/LabVIEW 在数据采集、监测、分析等方面的平台开发技术较为领先。鉴于上述特点，LabWindows/LabVIEW 可以作为数据采集软件的开发平台；同时由于 LabWindows/ LabVIEW 具备核心软件平台的特征，还可进一步将其作为系统的核心软件平台，调用其他子系统的分析软件。

2. 损伤识别、模型修正与结构安全评定子系统

大量监测数据最终服务于结构的运营和维护。统计分析监测数据，提取用于进行结构分析的荷载等有效信息，如结构的动力性能分析需用到荷载数据中的风荷载、温度荷载、地震荷载等相关数据；结构物的振型和模态分析需用到加速

度、频率等信息；结构关键部位的受力情况需从应力应变的数据获得。值得注意的是，在利用获取的数据对结构进行损伤识别、模型修正以及安全评定时，需对获取的数据与规范要求的限值进行实时比较，满足要求方可使用。

目前损伤识别方法有多种，如神经网络、小波分析、遗传算法、灰度分析等，不同损伤识别方法具有不同的损伤指标。损伤识别软件可以采用计算软件进行开发，如 MATLAB 语言，损伤识别所需要的数据可以从数据库中直接调用，损伤识别的结果将存入中心数据库。模型修正可分为基于整体性态信号的模型修正和基于局部性态的模型修正，两者所需要的结构整体动力响应结果和结构局部应力应变测试结果可从数据库中获取。整体和局部修正后的有限元模型可更加接近实际结构，大大减小了模型的计算结果与结构实测结果间的误差。模型修正可采用结构分析软件，如 ANSYS，配合 MATLAB 实现。修正的健康模型和损伤模型均将存入数据库中。

结构安全评定与模型修正直接相关，一般必由核心软件平台 LabWindows/LabVIEW 调用数据库的结果，但损伤识别和模型修正软件的驱动运行需要 LabWindows/LabVIEW 指挥完成。

采用 ANSYS 进行结构有限元模型修正和安全评定的方法是：首先对 ANSYS 标准化命令流进行分解，将命令流分解为模型流、加载流和求解流；当得到损伤单元信息后，再重新定义该单元的 ANSYS 模型，并写入健康模型流中，以此将健康模型流修正为损伤模型流；利用损伤结构的有限元模型即可进行结构的受力分析和安全评定。

3. 软件集成技术

软件集成主要包括两方面的内容：①各子系统软件之间的接口、调用与合理的触发机制；②各子系统软件与数据库之间的接口、通信。

如前所述，监测系统的核心软件为 LabWindow/LabVIEW，其他软件有计算分析软件 MATLAB、结构分析软件（ANSYS 或专门的结构分析软件）和数据库系统软件，所有软件的运行与调用均需通过 LabWindows/LabVIEW 来完成。其中 LabVIEW 有三种方法对 MATLAB 进行调用：①使用 ActiveX 技术调用 MATLAB 脚本程序；②采用 MATLAB 节点，将 MATLAB 代码直接输入 LabVIEW 中运行；③先将 MATLAB 程序编译为标准的动态链接库（DLL），然后通过 LabVIEW 提供的调用库函数节点实现动态链接库函数的调用。其中，第三种方法效率较高，适用于大型复杂结构分析程序。通过以上方法，即可实现现场数据的实时在线分析。MATLAB 触发机制的调用可以采用设定阈值进行，将某种类型传感器信号值与预设定的阈值比较，若前者达到或超越后者为真，即调用 MATLAB 进行模态和损伤识别分析。

LabWindows/LabVIEW 可以调用系统中任何路径的可执行文件，包括对 AN-SYS 的调用。此时，ANSYS 的分析方法为采用批处理方式分析方法执行命令流文件，并且可将指定单元构件的某项力学指标直接写入文本文件中，以方便其他程序调用查询或存入数据库中。

LabWindows/LabVIEW 与数据库之间有三种交互方式，使数据采集软件在动态显示数据的同时，在程序后台实时将数据全部存入系统数据库：①使用 Lab-Windows/LabVIEW 的工具包 Database Connectivity Toolkit；②利用 LabWindows/LabVIEW 的 ActiveX 功能，调用 Microsoft ADO 控件，利用 SQL 语言访问数据库；③采用第三方数据库访问工具包 LabSQL。上述三种方式均可将所有数据实时存入中心数据库中。

MATLAB 与数据库之间的交互通信可采用 MATLAB 的工具箱 Database Tool-box。模态和损伤识别分析程序可以从数据库中读取相应原始数据，并将分析结果直接存入数据库中供查询调用。

随着互联网技术的迅猛发展，通过网络对结构实现远程监测是一种非常有前景的监测方式，下面对基于网络的软件集成技术进行简单描述。

基于网络的监测系统集成是指通过互联网对监测系统现场全部或部分模块、信息进行设置、查询等操作。在结构监测系统中，有以下四方面的内容可以实现远程网络管理：

（1）传感器信息显示及其硬件设置。数据采集系统由 LabWindows/LabVIEW 开发，因此，传感器信息显示及其硬件设置可由 LabWindows/LabVIEW 的网络功能实现。基于 TCP/IP 协议，LabVIEW 应用程序开发平台提供了三种网络通信方式，以保证上述远程管理的可行性：TCP 和 DUP 编程、DataSocket 通信、Remote Panels 技术。上述三种技术中，TCP 和 UDP 编程较为复杂，Remote Panels 技术不适于大量数据的远程传输，只能用于少量传感器的监测系统，而 DataSocket 通信方式的网络实时传输速度较快，可用于多传感器的大型结构的监测系统。Lab-Windows/CVI 在网络通信和数据交换方面提供了 4 个相关函数库。上述几种方式可以保证技术人员随时了解现场的监测系统运行情况和系统参数的实时变化，并可及时调整现场传感器的运行参数，最大限度发挥传感器的性能。

（2）专家网络安全评价系统。由于目前对结构进行非常准确的损伤识别和健康安全评定仍很难实现，因此可在结构监测系统中设置基于网络的专家网络健康安全评定模块，利用网络资源对监测进行评定。该模块可以将结构的部分数据实现网络共享，由国际同行采用各自的损伤识别、模型修正和安全评定方法对结构安全进行评定，并将分析结果提供给该结构的管理、维护部门。管理、维护部门也可以指定专家组通过网络下载数据，对结构的安全状况进行会诊。

（3）中心数据库的数据查询。大型网络数据库配合其前端开发工具，可方便地访问、操作 Web 型数据库。常用技术或语言有 ASP、PHP 等，最终可实现网络数据库中所有指定信息的浏览、查询、打印等功能。

（4）与其他异构数据库的接口。系统中心数据库为大型通用的网络数据库，因此，健康监测系统与其他数据管理系统或应用程序之间的接口即为中心数据库与其他数据管理系统或应用程序之间的接口。由于数据库系统符合 SQL 语言标准的关系型数据库管理系统，因此可以通过各种类型的应用程序和所有使用 SQL 或 ODBC 的软件查看、分析和报告数据库中的实时、历史和其他数据。

6.3　监测系统的应用实例

近年来，监测理论和技术有了长足的发展，监测系统在工程中的应用也越来越广，有线监控已经无法满足发展的需要，因此一种 WDAS 分布式无线监测系统被应用到工程监测中，下面就对该系统进行介绍。

6.3.1　平台功能及运行环境

1. 平台功能

建筑结构监测系统平台的使用者是监管部门、监测单位、监理单位、设计单位等，为公司平台管理员、监测单位负责人、技术主管和监管员等用户建立工作账号后，可以实现监测方案申报、监测数据管理、监测数据录入与上报、监测报告的编辑和推送、短信告警、公告管理、日志管理、系统维护等功能。

2. 运行环境

操作系统：Windows Server 2008（服务器），Windows7/8/10（客户机）。

应用服务器：Tomcat7. 0. 59，JDK 1. 7。

浏览器：360 安全浏览器 7. 0 及以上版本（选择极速模式）、IE9 及以上版本。

屏幕分辨率：1366×768 及以上。

6.3.2 登录界面

1. 登录界面

本模块实现用户登录、退出操作及个人信息管理。打开浏览器，在地址栏输入系统地址，出现登录界面（图6-2），在相应各栏输入用户名、密码和验证码即可登录。

图6-2 登录界面

2. 工程分布图

登录系统后主页显示工程分布图（图6-3），图中每个小旗代表一个正在进

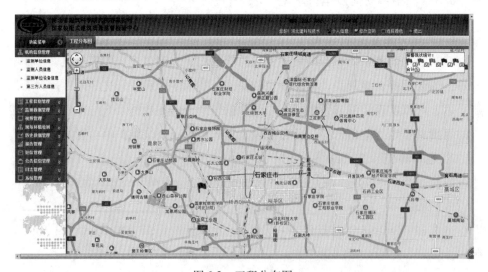

图6-3 工程分布图

行监测的工程，鼠标放在小旗旁边可出现该工程信息的悬浮框（图 6-4），单击悬浮框中的"监测概况""多项目曲线""数据详情""报告查看"链接即可查看该工程的相应信息界面。

流水号：20191015001　报警状态：安全
粉尘：99　　噪声：50分贝(良)
工程名称:河北省建筑科技研发基地会展中心(装配式清水混凝土结构)
工程地址：石家庄
<u>监测概况 多项目曲线　数据详情　报告查看</u>

图 6-4　工程信息悬浮框

6.3.3　机构信息管理模块

机构信息管理模块包括监测单位信息、监测人员信息、监测单位设备信息及第三方人员信息。本模块主要对监测单位的基本信息、人员信息、设备信息、第三方人员信息进行管理。

1. 监测单位信息管理

单击"机构信息管理"菜单下的"监测单位信息"，进入单位信息主界面（图 6-5），可对监测单位信息进行查看详情、修改、提交。

图 6-5　监测单位信息主界面

2. 监测人员信息管理

单击"机构信息管理"菜单下的"人员信息"，进入监测人员信息主界面（图 6-6），可对监测单位人员信息进行查看详情、添加、修改、删除、提交。

图 6-6　监测人员信息主界面

3. 监测单位设备信息管理

单击"机构信息管理"菜单下的"监测单位设备信息",进入监测单位设备信息主界面(图 6-7),可对监测设备进行添加、信息查询、查看详情、修改、锁定、解锁、删除及提交。

图 6-7　监测单位设备信息主界面

4. 第三方人员信息

单击"机构信息管理"菜单下的"第三方人员信息",进入第三方人员信息主界面(图 6-8),可对第三方人员进行添加、信息查看详情、修改、锁定、解锁、删除及提交。

图 6-8 第三方人员信息主界面

6.3.4 工程信息管理模块

在系统中实现工程申报、上报、审核的完整流程，实现工程申报无纸化。单击"工程信息管理"菜单下的"工程信息"，进入工程信息主界面（图 6-9），可进行查询、查看详情、添加、修改、删除等功能。

图 6-9 工程信息主界面

1. 工程状态流程

工程状态一共有 6 种，分别为未提交、待校对、待上报、待审核、审核合格、已驳回，如图 6-10 所示。

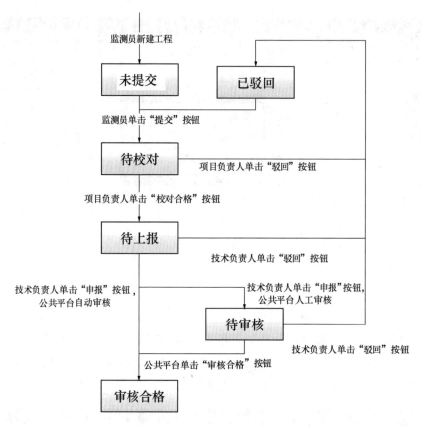

图 6-10　工程状态流程图

2. 添加工程

单击工程信息主界面上方的"添加"按钮，可对新的工程进行添加。工程信息添加界面如图 6-11 所示。

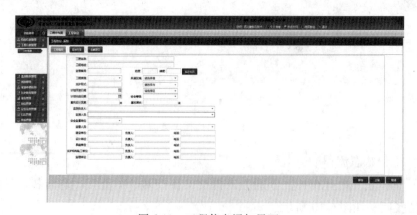

图 6-11　工程信息添加界面

6.3.5 监测数据管理模块

监测数据管理模块可以实现初值录入、数据录入查看、报警情况、数据详情及监测概况。

1. 初值录入

在系统中实现监测数据初值录入，可分为手工录入和初值导入两种方式。单击"监测数据管理"菜单下的"初值录入"，进入初值录入主界面（图6-12）。可进行查询、初值录入、导入初值、查看等功能。

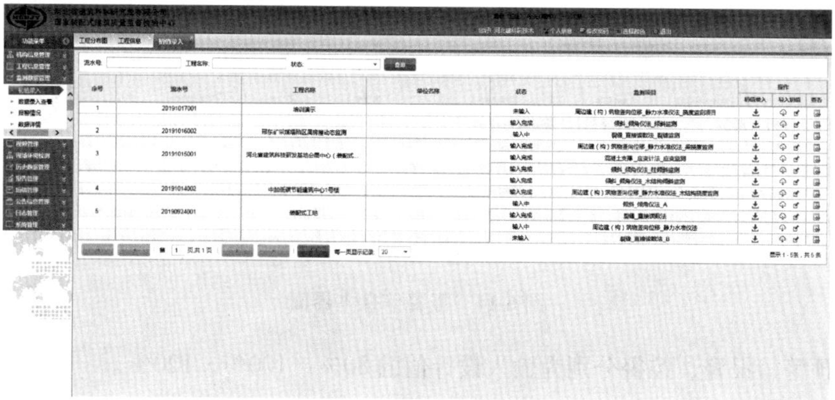

图 6-12　初值录入主界面

2. 数据录入查看

单击"监测数据管理"菜单下的"数据录入查看"，进入数据录入查看主界面（图6-13），可对工程所监测项目录入及采集的数据进行查看，主要功能有查

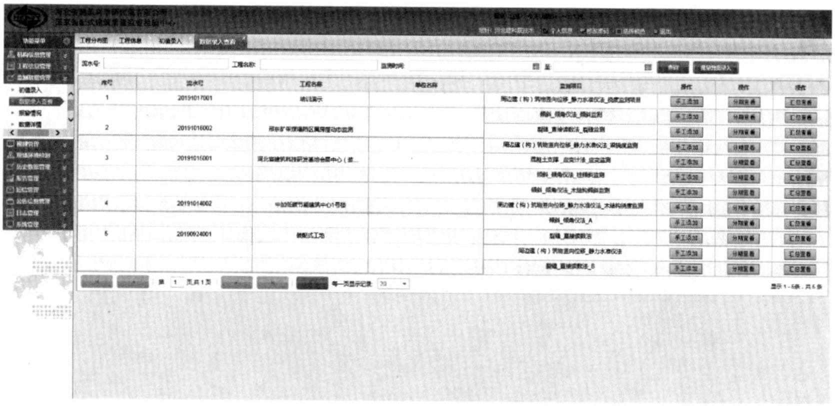

图 6-13　数据录入查看主界面

询、批量数据录入、手工添加、分期查看及汇总查看。

3. 报警情况

单击"监测数据管理"菜单下的"报警情况",进入报警信息统计主界面(图6-14),查看并处理系统中的报警情况。

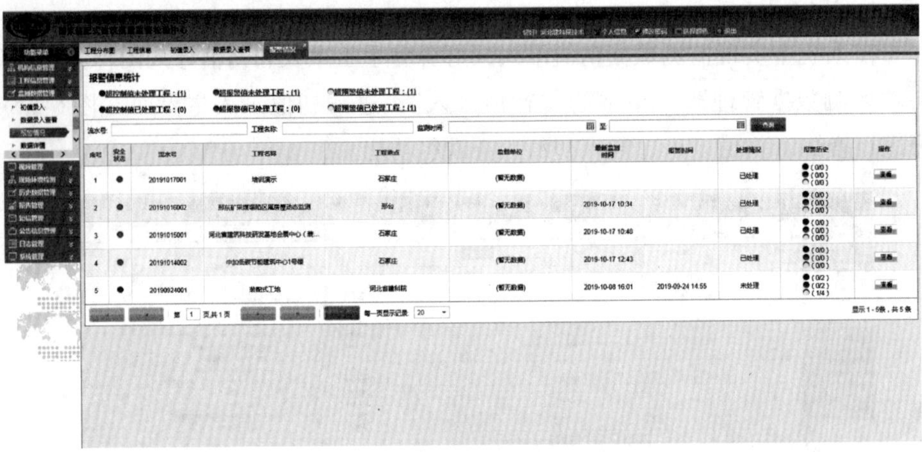

图6-14　报警信息主界面

预警、报警、控警分别为输入设计值的80%、100%、120%。

4. 数据详情

查看各个工程的已录入数据详情。单击"监测数据管理"菜单下的"数据详情",进入数据详情主界面（图6-15）。单击数据详情主界面各个工程后的"查看"按钮,可进入数据查看界面（图6-16）。在查看界面,单击"查看历史

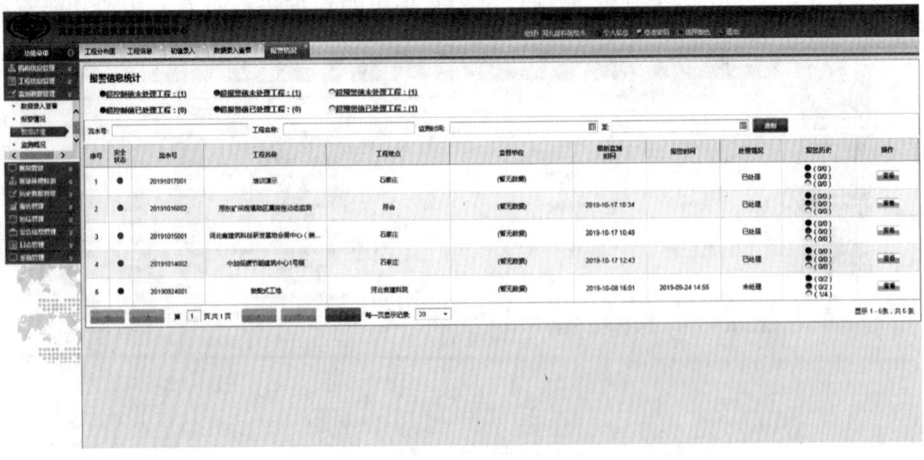

图6-15　数据详情主界面

158

值""曲线图"按钮,可以查看每个测点的历史值和曲线图,单击"多点趋势图比较"可以比较多个测点的趋势图,单击"测点分布图"可以查看该工程测点分布情况。

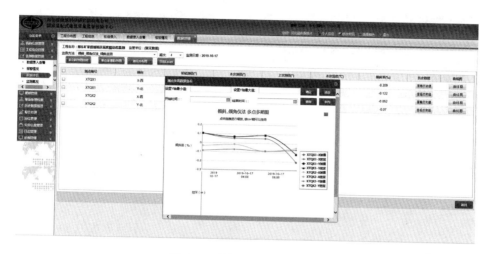

图 6-16　数据详情查看主界面

6.3.6　报告管理模块

单击"报告管理"菜单下的"报告编辑",即进入报告编辑主界面(图 6-17),可实现报告编辑的功能。

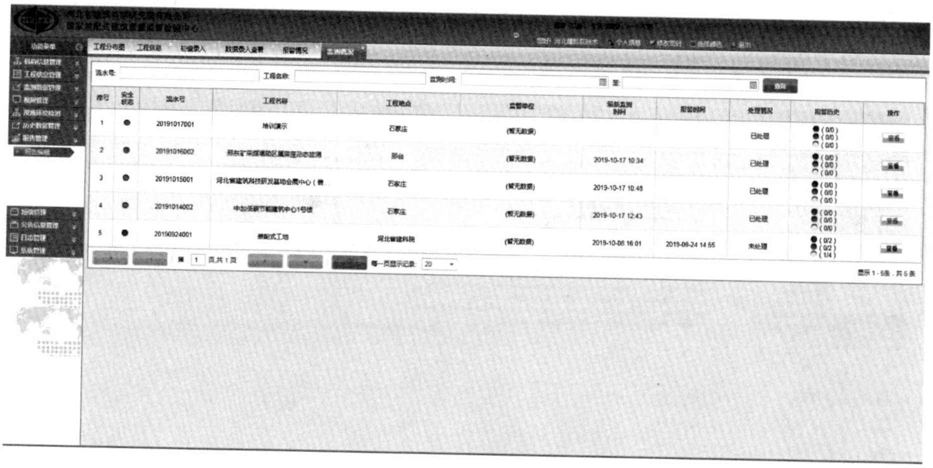

图 6-17　报告编辑主界面

单击报告编辑主界面上"查看"（图 6-18），即可进入进度报告查看界面、通报列表界面、巡检报告列表界面、日报列表界面、阶段性报告列表界面、总结报告列表界面，单击相应的报告列表内可进行预览、下载、打印功能。

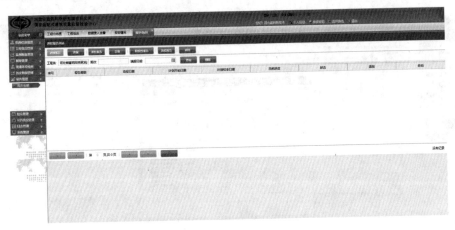

图 6-18　报告查看主界面

6.3.7　短信管理模块

本模块可实现短信发送功能，主要功能有短信模板管理和报警短信接收人配置。

1. 短信模板管理

单击"短信管理"菜单下的"短信模板管理"，进入短信模板管理主界面（图 6-19），可对短信模板进行修改。

图 6-19　短信模板管理主界面

2. 报警短信接收人配置

单击"短信管理"菜单下的"报警短信接收人配置",进入报警短信接收人配置主界面(图 6-20),可对某个工程配置报警短信接收人。

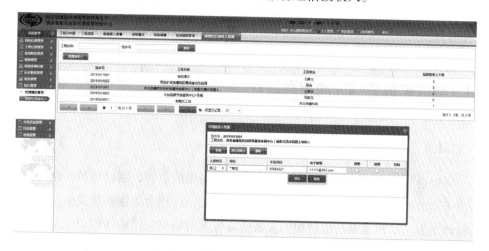

图 6-20 报警短信接收人配置主界面

第7章 工程实例

7.1 高层建筑结构监测方案设计

7.1.1 监测目的

高层建筑的安装和施工是一个极其复杂且精密的过程，高层建筑在施工过程中由于重力荷载、温度荷载、风荷载及基础形变，往往会给建筑物发生结构变形及整体变形。结构变形会给后续的安装造成极大的影响，结构倾斜也会对结构造成工程质量问题，甚至造成重大安全事故。因此，如何有效地对高层建筑进行变形监测并对其变形进行控制成为工程中的一大难点。

变形监测是利用测量仪器及其他专用仪器和方法对变形体的各种变形现象进行监视、观测，确定各种荷载和外力的作用下变形的形态、大小以及位置变化的空间状态和时间特征。因此，变形监测的主要目的如下：

（1）变形监测是工程管理运行的安全手段。

（2）通过在施工及运营期对变形体进行观测、分析、研究，可以验证地基与基础的计算方法、工程结构的设计方法，可以对不同地基与工程结构规定实施合理的允许沉陷与变形数值，为工程建筑物的设计、施工、维护管理和科学研究工作提供相关资料，为建筑结构安全评价提供分析数据。

（3）通过监测数据与预测值比较可判断前一步施工工艺和施工参数是否符合预期要求，以确定和优化下一步的施工参数，做到动态设计、信息化施工。

（4）变形监测是人们通过变形现象获得科学知识、检验理论和假设的必要手段。通过收集监测数据，为类似工程设计、施工及相关规程的制定积累经验。

7.1.2 工程概况

贵阳市合群路达亨大厦建于 1995 年，工程地点位于合群路与龙泉巷交会处，1 号线延安路站西侧中部，距车站围护桩边最小距离约 3.4m，项目位置见图 7-1。建筑平面为两个扇形形状，框架剪力墙结构，21 层商住楼，建筑高度

70m，总建筑面积约 10050m^2。基础形式为旋挖钻进灌注桩，通长配置钢筋，桩径分为 0.8m、1.0m、1.2m 三种，单桩最大荷载 7000kN，岩石承载力特征值为 5000kPa。地质条件较为复杂，自上而下为填土、黏土、淤泥质土、白云岩，桩端进入中风化岩层，入岩约 80cm。由于贵阳市轨道交通 1 号线路经此路段，在进行咬合支护桩施工过程中，根据住户反映，建筑于 2015 年 11 月开始发现有开裂现象，并有逐渐增大迹象，监测单位提供的监测数据显示，11 月 1 日至 12 月 4 日所有布设监测点裙楼部分柱位沉降最大值为 16.3mm，主楼部位最大沉降为 2.7mm。现场踏勘发现，在建筑平面图（1-1）~（1-7）轴线区域的框架梁存在较为严重的开裂迹象。根据专家会议纪要精神，受贵阳市城市轨道交通有限公司委托，由河北省建筑科学研究有限公司承担达亨大厦的沉降、倾斜、水平位移、裂缝、建筑基频监测工作。

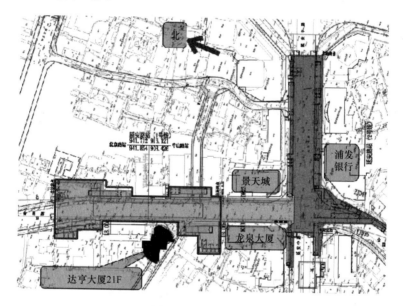

图 7-1　项目位置图

7.1.3　监测内容及方法

1. 沉降监测

沉降监测采用超高精度 RSM-HHL 液压式静力水准仪。液压式静力水准仪依据连通管原理，用液压静力水准仪内的压敏传感器测量每个测点与端头液位罐相对高差，再设定某个相对稳定的测点为基准点，通过计算可得各点相对于基点的相对沉降量，设备布设示意图见图 7-2。

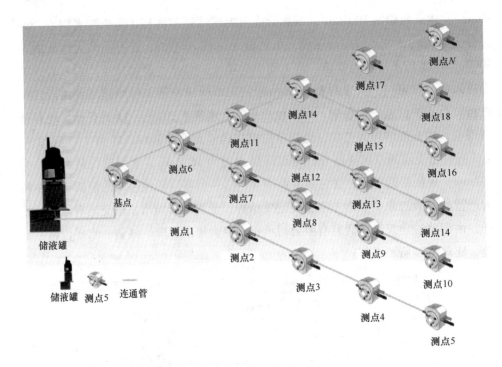

图 7-2   静力水准仪设备布设示意图

沉降计算方式：

测点：初始测量值 − 当前测量值 = 沉降变化值；

基点：初始测量值 − 当前测量值 = 基点变化值；

沉降变化量计算：沉降变化值 − 基点变化值 = 最终沉降值。

2. 倾斜监测

倾斜采用超高精度倾角计 RSM-QJS1000。监测基础倾斜时，仪器安置在基础面上，以测楼层或基础面的水平倾角变化值反映和分析建筑倾斜的变化程度。采用进口核心控制单元及电容微型摆锤原理，利用地球重力原理，当倾角单元倾斜时，地球重力在相应的摆锤上会产生重力的分量，相应的电容量会变化，通过对电容量处量放大、滤波、转换之后得出倾角。倾角计原理示意图见图 7-3。

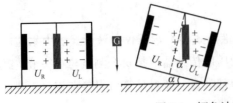

U_R, U_L 分别为摆锤的左极板和右极板与其各自对应电极间的电压，当倾角传感器倾斜时，U_R, U_L 会按时一定规律变化，所以 $\int (U_R U_L)$ 是关于倾角 α 的函数：$\alpha = \int (U_R, U_L)$

图 7-3   倾角计原理示意图

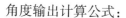

角度输出计算公式：

$$角度 = (输出电流 - 零点位置电流) \div 角度灵敏度$$

$$角度灵敏度 = 输出电流范围 \div 角度测量范围$$

例：±30°测量范围，16mA 输出电流范围，则

$$角度灵敏度 = 16 \div 60 = 0.266666 mA/°$$

3. 裂缝监测

当结构物伸缩缝或裂缝的开合度（变形）发生变化时，会使位移计左、右安装座产生相对位移，该位移传递给振弦，使振弦受到应力变化，从而改变振弦的振动频率。电磁线圈激拨振弦并测量其振动频率，频率信号经电缆传输至读数装置或数据采集系统，再经换算即可得到被测结构物伸缩缝或裂缝相对位移的变化量，同时由位移计中的热敏电阻可同步测出埋设点的温度值。测缝计原理示意图见图 7-4。

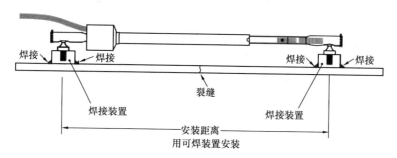

图 7-4　测缝计原理示意图

7.1.4　监测设备

1. RSM-HHL 液压式静力水准仪

RSM-HHL 液压式静力水准仪外观照见图 7-5。

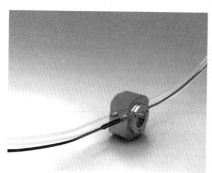

图 7-5　RSM-HHL 液压式静力水准仪

（1）主要用途

该设备主要用于大坝、核电站、高层建筑、基坑、隧道、桥梁、地铁、地质沉降垂直位移和倾斜的监测；测量两点间或多点间相对高程变化；一般安装在被测物体等高的测墩上或被测物体墙壁等高线上，采用一体化、模块化自动测量单元采集数据，通过有线或无线与计算机连接，从而实现自动化观测。

（2）技术特点

该产品采用铝镁合金外壳设计，可随时查看当前液体位置及有无液态气泡，同时设计有弹压自锁排液装置，当有气泡时可随时进行排气处置；该产品操作简单、快捷、人性化设计，接线口采用航空插头，具有非常高的防水特性，整体防护等级 IP67；连通管接口采用标准的启动连接件连接，抗压等级达到 2MPa；传感器采用防水防震设计，可在特殊条件下使用；使用寿命高达 5 年以上，并且可以重复使用，一致性高；内置嵌入式航空高精度硅压传感芯片。

（3）性能参数

RSM-HHL 液压式静力水准仪性能参数见表 7-1。

表 7-1　RSM-HHL 液压式静力水准仪性能参数

型号	RSM-HHL
量程	0.2～2000mm
精度	±0.2mm
结果的分辨率	0.001mm
系统误差	±0.3mm
波特率	9600～115200
传输的分辨率	0.1Hz
通信参数	RS485/232
无限扩展类型	ZigBee/433/Bridge/GPRS/BD/Microwave（可扩展）
供电方式	5～12V
可靠性 MTBF	5000h
	WDT 看门狗设计，保证系统稳定
	内置 15kV ESD 保护
环境稳定范围	−30～80℃
存储容量	4MB
无故障时间	＞5000h
防护等级	IP67
采集远程管理	支持远程参数配置（同时支持平台配置方式和短信配置）

2. RSM-QJS1000 倾角计

RSM-QJS1000 倾角计外观照见图 7-6。

（1）主要用途

倾角计广泛应用于高铁轨距仪测平、高塔或高楼监测、高精密云台倾角控制、桥梁与大坝监测、高精度激光平台设备等。

图 7-6　RSM-QJS1000 倾角计

（2）技术特点

该倾角计可进行双轴倾角测量（单轴可选），精度高达 0.001°，分辨率可达 0.0005°，温漂：0.0007°/℃；信号输出模式多种（RS232/485/TTL/CAN）可选；波特率 2400～115200 可选；防护等级 IP67；输出频率 5～100Hz 可选。

（3）性能参数

RSM-QJS1000 倾角计的性能参数见表 7-2。

表 7-2　RSM-QJS1000 倾角计性能参数

测量范围（°）		±5	±15	±30	±90
测量轴		X-Y	X-Y	X-Y	X-Y
零点漂移（°/℃）	−40～85	±0.0007	±0.0007	±0.0007	±0.0007
响应频（Hz）		100	100	100	100
分辨率（°）		0.0005	0.0005	0.0005	0.0005
精度（°）	常温	0.001	0.003	0.005	0.01
波特率		2400～115200	2400～115200	2400～115200	2400～115200

3. RSM-CFJ 测缝计

RSM-CFJ 测缝计外观照见图 7-7。

（1）主要用途

测缝计适用于长期埋设任一水工建筑物或其他混凝土建筑物内或表面，测量结构物伸缩缝或周边缝的开合度（变形），并可同步测量埋设点的温度。加装配套附件可组成基岩变位计（位错计）、表面裂缝计、多点、单点位移计等测量变形的仪器。

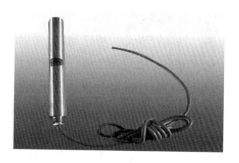

图 7-7　RSM-CFJ 测缝计

（2）技术特点

该产品长期稳定、灵敏度高、受温度影响小，采用不锈钢结构，高防水性能，可同步测量温度，不受长电缆影响，适合自动化监测。

（3）性能参数

RSM-CFJ 测缝计的性能参数见表 7-3。

表 7-3　RSM-CFJ 测缝计性能参数

规格	2	5	10
测量范围（mm）	0~20	0~50	0~100
分辨率（%F.S）	≤0.04		
温度测量范围（℃）	-25~60		
温度测量精度（℃）	±0.5		

4. RSM-DAS(D1004) 数码式多通道采集仪

RSM-DAS(D1004) 数码式多通道采集仪外观照见图 7-8。

图 7-8　RSM-DAS(D1004) 数码式多通道采集仪

（1）主要用途

该产品广泛应用于边坡、地铁、危房、桥梁、地灾等自动化监测工程，配套使用监控平台可实时对现场采集的数据进行分析预测，及时预警。

（2）技术特点

该产品功能强大，稳定耐用，界面友好，携带方便，现场连接操作简单；自动化程度高，实现无人值守，断电情况下能够自动恢复采集的功能，同时提供实时人工控制功能；计算机与采集仪连接为无线和有线兼容的方式，无线或者有线两者选一种的方式进行通信；配套使用 GPRS 无线传输模块、433 无线通信模块和上位机操作软件，能进行数据的无线传输；仪器精度高、可靠性好；兼容性强，目前可兼容倾角计、静力水准仪、拉线式位移计、土壤温湿度传感器、雨量计等各类数码类传感器，后期还可根据不同需求增加其他类型的数字信号传感器；多种供电方式：内置锂电池可以支持连续采集24h，支持长期带电使用，对于恶劣的地区支持太阳能电池板供电；数据容量：支持数据直接采集保存U盘。

（3）性能参数

RSM-DAS（D1004）数码式多通道采集仪性能参数见表7-4。

表7-4　RSM-DAS（D1004）数码式多通道采集仪性能参数

型号	RSM-DAS（D1004）
采样方式	连续、定时采集
显示模式	外接 PC 显示
存储模式	外置 U 盘
通信方式	内置有线通信、433 无线通信、GPRS 无线传输
传感器供电电压	+12V、+24V
外部供电电压	12.6V
可测传感器类型	倾角仪、静力水准仪、拉线式位移计等各数字型传感器
采样间隔	≥3min
温度误差	0.1℃
通道数	4 道（2 道 24V、2 道 12V）
可挂载传感器数量	每个通道数可挂载个数（16～32 个），根据具体传感器来确定
数据传输模式	兼容有线和无线传输
工作温度	-20～55℃
供电模式	内置锂电池≥24h 或外接电长期工作
外壳	全金属外壳；配套防水箱可以长期使用
接口	R485、USB2.0
体积	135mm×88mm×60mm
质量	1.0kg（含锂电池）

7.1.5　测点布置

此监测项目自动化设备点位布置严格按照相关测量规范实施，点位布置示意图见图7-9～图7-11。

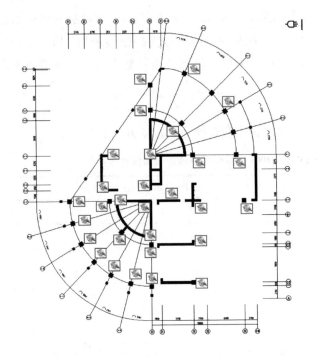

设静力水准仪个数：30

图例

静力水准仪

采集箱

电源

储液罐

图 7-9　一层沉降监测点位布置图

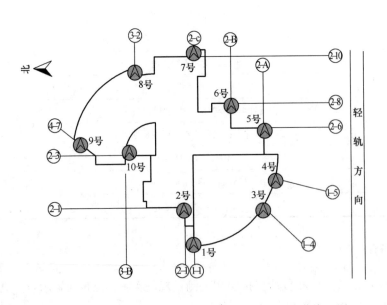

监测点数量：10

图例

倾角测点

图 7-10　三层沉降监测点位布置图

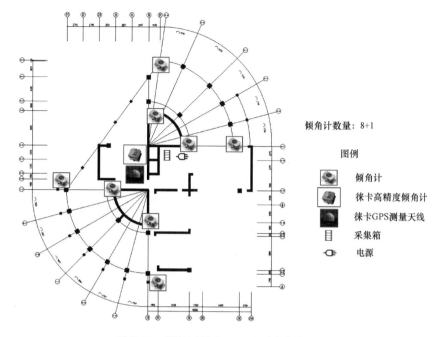

图 7-11　顶层倾斜及 GPS 监测点位布置图

7.1.6　预警方案

本次监测将施工过程中监测点的预警状态按严重程度由小到大分为三级。

1. 黄色监测预警

"双控"指标（变化量、变化速率）均超过监控量测控制值的 70%，或双控指标之一超过监控量测控制值的 85%。

2. 橙色监测预警

"双控"指标（变化量、变化速率）均超过监控量测控制值的 85%，或双控指标之一超过监控量测控制值。

3. 红色监测预警

"双控"指标（变化量、变化速率）均超过监控量测控制值，或实测变化速率出现急剧增长。

4. 综合预警

施工过程中根据现场参与各方的监测、巡视信息，并通过核查、综合分析和专家论证等，及时综合判定出风险工程不安全状态的预警。综合预警分级按严重程度度由小到大分为三级：黄色综合预警、橙色综合预警和红色综合预警。信息中心发布的预警为综合预警信息。

7.2 砌体结构监测方案设计

7.2.1 监测目的

砌体结构是早期最主要的结构形式，早期房屋结构由于其建筑年代久远且建筑材料经过长期老化性能衰减、不合理使用、拆改承重结构等因素，导致整体性差、结构松散，一旦受外力如震动、地基沉降影响，将对安全使用造成巨大隐患。

因此，为保障工程结构安全使用、减少或避免人员与财产损失，对房屋实施安全动态观测和安全管理，动态采集房屋沉降、倾斜数据，及时发现结构存在的安全隐患并采取相应处置措施成为关键所在。

由于传统人工检测方法的自动化、实时性、集成化程度较低，难以满足安全管理需要，而大量建筑的安全性能评估亟待实测数据支持。因此，自动化监测平台可以对砌体结构楼房进行动态监测预警，及时发现结构存在的安全隐患并采取相应处置措施，保障建筑结构安全使用，预防事故的发生。

7.2.2 工程概况及监测依据

某砖混结构，地上七层，建于 1980 年，占地面积约 $800m^2$，层高 2.7m，部分区域地面已出现坍塌。

本次监测主要依据现行国家技术标准、部颁标准及相关技术规范、规程进行，具体如下：

(1)《建筑变形测量规范》（JGJ 8—2007）；

(2)《工程测量规范》（GB 50026—2007）；

(3)《建筑地基基础设计规范》（GB 50007—2011）；

(4)《民用建筑可靠性鉴定标准》（GB 50292—2015）；

(5)《危险房屋鉴定标准》（JGJ 125—2016）。

7.2.3 监测内容及测点布置

根据现场勘查情况，对该七层砖混结构楼房沉降和倾斜进行监测，现场设备布设、测点布置、测试技术要求进行说明。

为了更好地对该建筑进行监测，沉降和倾斜监测点、沉降基点及数码采集仪位置如图 7-12 所示。

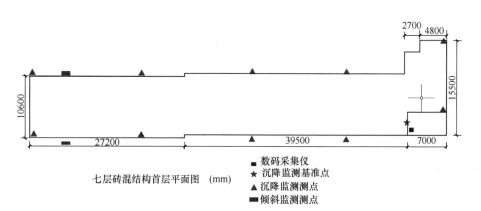

■ 数码采集仪
★ 沉降监测基准点
▲ 沉降监测测点
■ 倾斜监测测点

七层砖混结构首层平面图　(mm)

图 7-12　沉降和倾斜测点布置图

测试过程中，人员的素质、采用的方法、测试仪器及测试频率应符合设计和规范要求，能及时、准确地提供数据，满足信息化施工的要求。

（1）对参与本工程的人员进行详细技术和质量交底。

（2）积极开展自检和互检工作，每月进行质量抽查，确保提供准确无误的沉降和倾斜采集数据，达到自动化、信息化监测的目的。

（3）现场监测点做好保护以及标记，防止有人碰撞监测点，以免出现错误读数。

（4）将数据传输线根据接线图正确、牢固地接入采集箱，采集箱电源接一单独插线板，所有连接处要用线、胶布扎紧。数据线要用线扎整齐。

（5）定期检查监测点，系统接头做好保护工作，加强管理。

（6）实行项目管理制度，监测时注意安全、现场应急。

（7）现场监测人员规范使用劳保用品，监测时听从现场运营人员的指挥，确保作业安全。

7.3　城镇危房监测方案设计

7.3.1　监测目的与依据

1. 监测目的

随着我国既有房屋逐步老化，各种房屋安全突发事件时有发生。为了避免倒房伤人等恶性事件发生，浙江省政府全面推进城镇危旧住宅房屋治理改造，要求对鉴定为 C、D 级危房实行常态化、规范化的动态监测管理。通过实时动态监测设备及管理平台，结合人工巡检的方式实现危旧房日常监测，包括房屋整体动态监测、沉降监测、倾斜监测、裂缝监测、网格化管理及告警功能等，能更科学地掌握房屋使用安全状况变化。在监测过程中如发现房屋出现险情，及时上报采购方负责人，科学指导应急处置，防止出现严重事故，最大限度保护人民群众生命财产安全。

2. 监测依据

（1）《建筑变形测量规范》（JGJ 8—2016）；

（2）《工程测量规范》（GB 50026—2007）；

（3）《国家一、二等水准测量规范》（GB/T 12897—2006）；

（4）《民用建筑可靠性鉴定标准》（GB 50292—2015）；

（5）《危险房屋鉴定标准》（JGJ 125—2016）；

（6）国家和地方其他有关标准、规范、规定等；

（7）本项目相关设计图纸及其他相关资料。

7.3.2　工程概况

龙游县危旧住宅日常监测总建筑面积约 152472.86m^2，监测区域涉及华东街社区、阳光社区、兴龙社区、清廉社区、成角坊社区、灵江社区。

7.3.3　监测内容及方法

1. 沉降监测

（1）控制网的布设

本项目宜将控制点连同观测点按单一层次布设，根据监测点精度要求，沉降监测控制网应布设成网形最合理、测站数最少的监测环路，本项目布设成闭合水准路线。在远离变形影响范围 3 倍距离以外的稳定位置布置 3 个以上稳固水准点，作为沉降监测基准点（基准点每月联测一次），由基准点、工作点及监测点构成水准网。监测网观测按照《国家一、二等水准测量规范》的要求执行，主要技术要求见表 7-5。

表 7-5　精密水准测量的主要技术要求

每千米高差中误差（mm）		水准仪等级	水准尺	观测次数	往返较差、附合或环线闭合差（mm）
±1	±2	DS$_1$	钢钢尺	往返测各一次	±4$\sqrt{L}$或 ±1.0$\sqrt{n}$

注：L 为往返测段、环线的路线长度（以 km 计）；n 为测站数。

（2）监测方法

几何水准测量法：使用瑞士徕卡 DNA03 水准仪及配套铟钢尺，外业观测严格按规范要求的精密水准测量的技术要求执行。作业前编制作业计划表，以确保外业观测有序开展。为确保观测精度，观测措施制定如下：

① 观测前对水准仪及配套尺进行全面检验。

② 观测方法：往测奇数站"后—前—前—后"，偶数站"前—后—后—前"；返测奇数站"前—后—后—前"，偶数站"后—前—前—后"。往测转为返测时，两根标尺互换。

③ 测站观测限差：对于数字水准仪，同一标尺两次读数差不设限差，两次读数所测高差的差执行基辅分划所测高差之差的限差。

④ 两次观测高差超限时重测，当重测成果与原测成果分别比较其较差均没超限时，取三次成果的平均值。

⑤ 沉降监测基准网外业测设完成后，对外业记录进行检查，严格控制各水准环闭合差，各项参数合格后方可进行内业平差计算。

历次沉降变形监测是通过工作基点间联测一条二等水准闭合线路，由线路的工作点来测量各监测点的高程，各监测点高程初始值在监测工程前期三次测定，某监测点本次高程减去前次高程的差值为本次沉降量，本次高程减去初始高程的差值为累计沉降量。

静水准仪观测法：本项目对 D 级危房现场安装 GPS 和液压式静力水准仪，配置成套数据采集、传输、整理系统，实行 24h 自动化监测。建筑沉降监测方法见表 7-6。

表 7-6　建筑沉降监测方法

监测项目	监测设备	预计点数/每幢房屋	设备个数	监测精度
沉降监测	静力水准仪	4	72	≤0.2mm
	徕卡 GPS	1	18	
	徕卡精密水准仪	12	1	≤0.3mm

2. 倾斜监测

当从建筑外部观测时，测站点的点位应选在与倾斜方向成正交的方向线上距照准目标 1.5～2.0 倍目标高度的固定位置。对于整体倾斜，观测点及底部固定点应沿着对应测站点的建筑主体竖直线，在顶部和底部上下对应布设。本项目倾斜监测采用瑞士徕卡 TS50 全站仪投点法结合倾斜传感器进行观测，监测方法及设备使用统计见表7-7。

表 7-7 监测方法及设备使用统计

监测项目	监测设备	预计点数/每幢	监测精度
倾斜监测	徕卡 TS50 全站仪	4	≤0.5″
	徕卡 nivel220 倾角计	1	
	倾角计	8	

3. 建筑裂缝

为了实时掌握建筑原有裂缝的发展，并对建筑新增裂缝的状况进行监测，本工程监测拟采用裂缝观测计加上贴石膏饼的辅助手段进行实时监测。

监测等级选择将直接影响房屋监测项目的精度选择，根据本项目的重要性和周边环境复杂程度，参照现行国家标准《建筑变形测量规范》（JGJ 8—2016）等相关规定，确定本项目监测等级为二级。本项目中各监测内容采用的监测仪器精度、分辨率及测量精度均能反映监测对象的实际状况。

7.3.4 房屋整体动态监测

相比光学监测，无线监测具备数据精度高、时效性强，受人为因素影响较小，并且监测频率高、受天气影响小等优点。同时，结合专门的无线监测处理系统，可以将监测现场无线设备获得的数据上传至平台，从而进行整理、分析，并在超出安全范围时提供报警。一般来说，无线设备获得的数据量远超常规监测所获得的数据量，在如此充足的数据量下，进行超前预报的根据就变得更加充足，因此可以获得更加准确的预报。此项目采用在线监测平台。

该监测平台不仅可以采集现场所布设的传感器，并进行汇总、分析以及展示，同时可在监测数据发生超限变化时对监测人员以及业主进行预警。不仅如此，业主也可在需要时登录平台自行查阅本项目的相关资料和实时数据。在线监测总体组织流程图见图7-13。

7.3.5 监测频率与监测预警

1. 监测初始值测定

为取得基准数据，各观测点在监测前及时设置，并及时测得初始值，观测次数不少于3次，取平均值作为初始值。

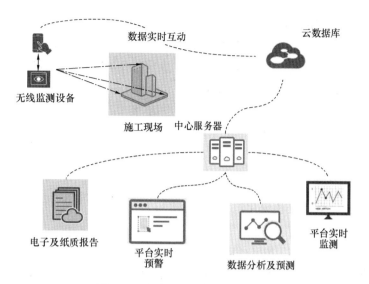

图 7-13　在线监测总体组织流程图

测量基准点在监测前埋设，经观测确定其已稳定时才投入使用。稳定标准为两次观测值不超过两倍观测点精度。基准点不少于 3 个，并设在监测影响范围外。监测期间每月进行一次联测以检验其稳定性。采取有效保护措施，保证其在整个监测期间的正常使用。

2. 监测频率

本项目监测频率按现场监测情况来进行调整，暂定监测频率见表 7-8。

表 7-8　无线监测数据汇报采样及报告提供频率统计

监测项目	监测设备	数据采集频率	报告提供频率
倾斜监测	徕卡 nivel 倾角计	1h/次	10d/次
	倾角计	1h/次	
沉降观测	静力水准仪	1h/次	
	徕卡 GPS 测量单元	1h/次	
裂缝观测	裂缝观测计	1h/次	

注：监测频率暂定上述总次数，具体频率应在保证安全的前提下，根据现场监测情况再做调整。

3. 监测预警

监测报警指标一般以总变化量和变化速率两个量控制，累计变化量的报警指标一般不宜超过规范限值。变形计算复杂且不够成熟，有关规范均未提出比较成熟的计算方法，工程实践中只能根据地区经验，采用工程类比的方法，从监测、变形监测等方面采取措施控制变形。

（1）监测预警值

① 沉降监测：沉降速率连续 3d 建筑物变形速率≥1mm/d。

② 倾斜监测：根据《民用建筑可靠性鉴定标准》（GB 50292—2015）附录 H.0.6 条的规定，建筑的倾斜速率已连续 3d 大于 1mm/d。

③ 基频监测：当基频变化率（基频变化值/初始基频）小于 3% 时，未发现明显损伤。

当基频变化率（基频变化值/初始基频）大于 3% 且小于 7% 时，发现房屋损伤，应采取措施。

当基频变化率（基频变化值/初始基频）大于或等于 7% 时，发现房屋严重损伤，应立即采取措施。

当监测数据异常时，应分析其原因，必要时进行复测；当监测数据达到报警值时，在分析原因的同时，应预测其变化趋势，并加大监测频率，必要时跟踪。

根据本项目监测技术方案及相关规范要求，将报警指标设定为：

监测预警值为允许值的 80% 时，应给业主提供书面形式的险情报告，并加密监测频率以满足安全监控的需要。

（2）预警方案

本次监测将监测过程中监测点的预警状态按严重程度由小到大分为三级，即黄色监测预警、橙色监测预警、红色监测预警。

7.4　钢结构监测方案设计

7.4.1　监测目的与依据

1. 监测目的

（1）通过对运营中钢结构的动态监测和跟踪检查，及时查明结构现存缺陷与衰变，并评估分析其在所处环境条件下的可能发展势态及其对结构安全运营造成的可能潜在威胁，为养护需求、养护措施采用决策提供科学依据，以达到运用有限的养护资金获得最佳养护效果，确保结构安全运营的目的；也即设定结构的健康预警线，当钢结构处于"亚健康"状态时，及时提醒管理者进行针对性的检查，并加强相应的养护维修。

（2）设定结构安全预警值。对结构的健康状况、结构安全可靠性进行评估，

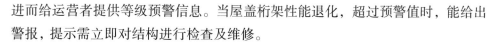

进而给运营者提供等级预警信息。当屋盖桁架性能退化，超过预警值时，能给出警报，提示需立即对结构进行检查及维修。

（3）论证设计、施工两阶段的各种设计假设和设计参数的有效性，对设计、施工进行后验证。研究结构长期运营状态下的力学性能及物理性能的改变，为车站的安全监测积累宝贵的数据及经验。

2. 编制依据

（1）《工程测量规范》（GB 50026—2007）；

（2）《钢结构工程施工质量验收规范》（GB 50205—2001）；

（3）《钢结构设计标准》（GB 50017—2017）；

（4）其他相关的现行规范和规程；

（5）钢结构设计图纸。

7.4.2　工程概况

重庆电网某钢结构总建筑面积约 $2000m^2$，该钢结构主要由钢柱、吊车梁、屋面梁、平台梁、支撑及各种辅助构造等组成。

根据有关部门统计，在钢结构的安全事故中，由于构造连接不当而引起的各种破坏，如失稳以及过度应力集中、次应力所造成的破坏等占相当的比例，这是因为在任何情况下，构造的正确性与可靠性是钢结构构件正常承载能力的最重要的保证，一旦构造出现问题，便会直接危及结构构件的安全。因此，对该钢结构在使用阶段进行自动化监测，有助于实时掌握其安全状况，对其进行安全评价非常重要。

7.4.3　监测内容及设备选型

1. 监测内容

（1）应变监测。应力应变监测点的布设应尽可能获得钢结构中受力较大、受力状态复杂、对结构整体承载力与稳定性具有重要影响的部位或杆件的应力，因此将 RSM-YBJ（B）表贴式应变计的测点尽可能布置在应力较大和构件较为集中的区域。根据分析，本结构的监测方案共 50 个应变监测点，传感器布设应尽可能集中布设，不宜过于分散，服从分块集中的原则。

安装时应注意：所安装的表贴式应变计轴线平行于测量方向；传感器牢固安装于钢构件的表面；做好标志，避免人为破坏。

（2）位移监测。钢结构横向、纵向位移监测点 20 个，使用 RSM-SLJ（L）

拉线式位移计传感器，传感器尽可能安装在钢结构受力较为集中易发生形变的位置，旨在监测钢结构位移变化，通过自动化监测及时发现钢结构位移变化。

（3）倾斜监测。钢结构倾斜监测点 20 个，使用 RSM-QJS1000 倾角计传感器。传感器可安装在钢结构支撑柱、钢结构墙体，监测钢结构倾斜变化，及时掌握钢结构的动态变化情况。

（4）监测频率。监测周期：根据设备使用寿命及重庆市气候，监测周期在 3~5 年；

监测频率：根据需求，监测频率可设置 30min/次~1 周/次。

2. 设备选型

钢结构应变监测使用的 RSM-YBJ（B）表贴式应变计采用 RSM-FAS1032 振弦采集仪；位移与倾斜监测分别使用 RSM-SLJ（L）拉线式位移计、RSM-QJS1000 倾角计，采用 RSM-DAS1004 数码式多通道采集仪。

（1）RSM-YBJ（B）表贴式应变计广泛适用于长期安装在水工建筑物或其他混凝土结构物（如梁、柱、桩基、挡土墙、衬砌、墩以及基岩等）表面，测量埋设点的线性变形（应变）与应力，同时可兼测埋设点的温度。加装配套附件可组成钢板计、无应力计等多种测量应变的仪器。

当结构物受力或因温度变化发生线性伸缩变形时，与结构物刚性固连的应变计产生同步变形，通过前、后端座传递给振弦使其产生应力变化，从而改变振弦的固有振动频率。激励与信号拾取装置激励振弦使其发生谐振，同时拾取其振动频率信号，此信号经电缆传输至读数装置，即可测出被测结构物的线性改变量，此改变量与仪器标称长度的比值即为应变量。应变计附设温度计可同步测出埋设点的温度值。表贴式应变计技术指标见表 7-9。

表 7-9　表贴式应变计技术指标

型号		RSM-YBJ（B）
规格（mm）		100、150、250
应变测量范围	拉伸/10^{-6}	1000
	压缩/10^{-6}	1500
分辨率（%F.S）		≤0.015
综合误差（%F.S）		≤1.5
测温范围（℃）		-25~60
测温精度（℃）		±0.5

（2）RSM-SLJ(L) 拉线式位移计是一种测量两点间相对距离的便携式仪器，结构简单、操作方便、测量精确，适用于不稳定结构的移动性，也可用于测量地下厂房、坑道、隧道式炕口对应的墙体间或顶面间距的微小变化。拉线式位移计技术指标见表 7-10。

表 7-10　拉线式位移计技术指标

型号	RSM-SLJ
规格	20、30
标准量程（mm）	1000
最小读数（mm）	0.1
系统误差（%F.S）	≤0.2
钢尺拉力（kg）	8
温度修正系数（mm/℃）	12×10^{-6}
测温范围（℃）	−25~60

（3）RSM-QJS1000 倾角计适用于建筑物结构的倾斜变化监测，可长期埋设在水工建筑物、高层建筑、地下建筑物、隧道、桥拱体、岩土边坡等混凝土建筑物的内部或在表面安装。本产品操作简单，能耗低、体积小、质量轻、稳定性高，已成为桥梁架设、铁路铺设、土木工程、石油钻井、航空航海、工业自动化、智能平台、机械加工等领域不可缺少的重要测量工具。倾角计技术指标见表 7-11。

表 7-11　倾角计技术指标

型号	RSM-QJS1000
测量范围（°）	±30
测量轴	水平方向 X、Y
分辨率（°）	0.01
精度（°）	0.001
零点漂移（°/℃）	±0.0007
工作温度（℃）	−40~85
电源电压（V）	DC = 10~36
防护等级	IP67

（4）RSM-YBJ（B）表贴式应变计输出信号为振弦信号，配置 RSM-FAS1032 振弦式多通道采集仪。

RSM-FAS1032 振弦式多通道采集仪主要用于采集记录多道振弦式传感器的

实时数据，并后续对现场采集的数据进行分析预测，及时报警。采集可扩展 GPS 无线上传，配套使用监控平台，可以连续长期实时数据上传。振弦式多通道采集仪技术指标见表 7-12。

表 7-12　振弦式多通道采集仪技术指标

型号	RSM-FAS1032
采样方式	分时连续激励采集
显示模式	3.5 寸屏幕，实时滚动显示或平台实时显示
操作方式	旋钮
储存模式	内置 SD 卡，或外置 U 盘
通信方式	内置有线通信、433 无线通信、GPRS 无线传输
工作电压	220V
激励电压	64V
可测传感器类型	振弦式传感器
可测频率范围	400 ~ 6000Hz
采样频率	1Hz
频率误差	≤0.01Hz
温度误差	≤0.1℃
通道数	32 道或 64 道
数据传输模式	USB 传输、GPRS 传输
工作温度	-20 ~ 55℃
供电模式	内置锂电池≥24h，或外接电长期工作
外壳	全金属外壳；配套防水箱可以长期使用

（5）RSM-SLJ(L) 拉线位移计、RSM-QJS1000 倾角计输出信号为数码信号，配置 RSM-DAS1004 数码式多通道采集仪。

RSM-DAS1004 数码式多通道采集仪是一种智能的数据采集仪，能采集并存储静力水准仪及倾角仪等数码式传感器的实时数据。其各项性能指标均达到或超过国际先进水平。仪器设计人性化，功能强大，可在各种环境下的工地实现长期连续自动采集，并实时自动上传。数码多通道采集仪技术指标见表 7-4。

7.4.4　自动化监测平台

自动化监测系统实现功能：

（1）安全监测管理模块：具备单位信息管理、人员管理、设备管理、项目信息资料管理、项目申报审核流程、数据整理审核、报告编辑审核等功能。

（2）监测数据分析模块：各项监测项目单点或多点趋势显示、综合过程线分析、数据表分析等内容。

（3）平面图显示：多工程地图显示；单工程平面图测点显示。

（4）多级管理平台：可实现安全监测信息公司平台与公共平台等多个平台无缝对接。

（5）24h 实时监测：各个监测点的监测数据可实时显示，并可以图表等形式直观显示各项监测、监控信息数据的历史变化过程及当前状态。

（6）物联网运营：具有远程登录、远程访问、远程管理、运行软件远程维护功能。

（7）全自动化采集：配合使用自动采集设备，平台能 24h 不间断自动采集数据并存储记录。

（8）监测项目完善：监测项目齐全，包括挠度、应变、天气等。

（9）多重分级预警：各点采用三级预警管理，出现异常后，第一时间以短信、邮件等形式发送给相关部门。实现综合预警功能。

（10）报警处理：有报警解除功能，通过专业人员现场排查，上传现场资料，及时解除或处理现场报警情况。

（11）历史报警记录：报警类型、区域名称、报警时间、报警期间最大值及时刻。

（12）多种输入方式：兼容多种数据输入方式，可以满足不同设备配置监测单位的工作要求。

（13）报告编辑及推送：监测结果实时显示，自动生成监测图形数据报告，定期推送报表给监管部门。

（14）历史数据存储：监测数据存储，为以后同类工程设计、施工提供类比依据。

（15）专家库系统：建立经济方案专家系统库，遇到紧急事件，及时提取处理方案，采取人员介入、封锁现场等措施，将风险消除在萌芽状态。

（16）现场视频查看：可在线远程操作现场摄像头，并可截图，掌握实时现场情况。

参 考 文 献

［1］ BREUER P, CHMIELEWAKI T, GORSKI P, et al. Application of GPS technology to meas-urements of displacements of highrise structures due to weak winds ［J］. Journal of Wind Engi-neering and Industrial Aerodynamics, 2002(90): 223-230.

［2］ Dong L, et al. Enhanced photosensitivity in tin codoped germanosilicate opticnlfibers［J］. IEEE Photonics Technology Letters, 1995, 7(9): 1048-1050.

［3］ LOVES JW, TESKEY W F, LACHAPELLE G, et al. Dynamic deformation monitoring of tall structures using GPS technology ［J］. Journal of Surveyin Engineering, 1995, 121(1): 35-40.

［4］ RAO Y J, JACKSON D A. A Phototype m diplexing system for use with a large number of fi-bre-optic-based extrinsic Fabry- Perot sensors exploiting low coherence interrogation［J］. Proc SPIE, 1995, 2507: 90-98.

［5］ Y Zhu, YM Fu, ND Liu, et al. High Dynamic Multi-Channel Laser Deflect meter for Bridge. WRMLSBE26-29［J］. 2000: 86-91.

［6］ KAMINSKI P C. The approximate location of damage through the analysis of natural frequencies with artificial neural networks［J］. Journal of Process Mechanical Engineering, 1995, 20(9): 117-123.

［7］ Huang N E, Zheng S, Long S R, et al. The empirical mode decomposition and Hibert spectrum for nonlinear and non-stationary time series analysis［C］. Proceeding of the Royal Society of London, 1998, 454: 903-995.

［8］ Jiang J N, Lei Y, Lin S, et al. Hilbert-Huang based approach for strctural damage detection ［J］. Journal of Engineering Mechanics, ASCE, 2004: 85-95.

［9］ Xu Y L, Chen J. Structural health monitoring using empirical mode decomposition and the Hil-bert phase［J］. Journal of Sound and Vibration, 2006, 294(1-2): 97-124.

［10］ PINES D, SALVINO J. Structural damage detection using empirical mode decomposition: Ex-perimental Investigation ［J］. Journal of Engineering Mechanics, 2004, 130(11): 1279-1288.

［11］ 闫爱军. 高层建筑沉降预测的灰色模型研究［J］. 水资源与水工程学报, 2016, 27(2): 227-230.

［12］ 张振勇. 灰色-时序组合模型在建筑物预测中的研究与应用［D］. 天津: 天津大学, 2007.

[13] 姚冬青. 灰色系统理论在高层建筑物沉降变形预测中的应用[D]. 焦作：河南理工大学，2008.

[14] 李常茂，蒋桂梅. 基于尖点突变理论的高层建筑沉降变形预测分析[J]. 水资源与水工程学报，2018，29(4)：224-229.

[15] 周建庭，杨建喜，梁宗保. 实时监测桥梁寿命预测理论及应用[M]. 北京：科学出版社，2010.

[16] 熊海贝，张俊杰. 超高层结构健康监测系统概述[J]. 结构工程师，2010，26(1)：143-150.

[17] 张启伟. 大型桥梁健康监测概念与监测系统设计[J]. 同济大学学报，2001，29(1)：65-69.

[18] 李国强，李杰，等. 高层建筑检测方法、研究与应用[J]. 振动、测试与诊断，1998，18(2)：91-97.

[19] 袁慎芳. 结构健康监控[M]. 北京：国防工业出版社，2007.

[20] 朱永，符玉梅，陈伟民，等. 大佛寺长江大桥健康监测系统[J]. 土木工程学报，2005，38(110)：66-71.

[21] 李爱群，王浩，谢以顺. 基于SHMS的润扬悬索桥桥址区强风特性[J]. 东南大学学报，2007，37(3)：508-511.

[22] 瞿伟廉，陈超，汪菁. 深圳市民中心屋顶网架结构支撑钢牛腿瞬时应力场的识别[J]. 地震工程与工程振动，2002，22(4)：41-46.

[23] 瞿伟廉，腾军，项海帆. 风力作用下深圳市民中心屋顶网架结构的智能健康监测[J]. 建筑结构学报，2006，27(1)：1-9.

[24] 孙玉国. 隧道工程信息化管理与施工系统研究[J]. 铁道工程学报，2004，9(3)：46-52.

[25] 杨松林，王梦茹. 城市地铁安全施工第三方监测的研究与实施[J]. 中国安全科学学报，2004，14(10)：73-77.

[26] 延松. 基于神经网络和小波分析的海洋平台结构国伤检测研究[D]. 青岛：中国海洋大学，2006.

[27] 杜治国. 大坝水平位移视准线观测方法及精度分析[J]. 大坝与安全，2006(5)：25-29.

[28] 段鸿杰. 桥梁健康监测中的传感器优化布置研究[D]. 大连：大连理工大学，2006.

[29] 段曙光，廖明夫. 动应变测量系统在机械振动信号在检测中的应用[J]. 机械设计与制造，2005(11)：97-99.

[30] 冯林，李克锦，等. 真空激光准直监测大坝变形系统[J]. 大坝观测与土工测试，1999(5)：39-42.

[31] 冯明明. 基于PXI和SCXI架构的水泥混凝土路面脱空状况的测试研究[D]. 西安：长安大学，2008.

[32] 高峰，陈先，魏维武. 强地震动数据采集系统研究[J]. 地震工程与工程振动，2003，23(5)：8-16.

[33] 高俊强，严伟标. 工程监测技术及其应用[M]. 北京：国防工业出版社，2005.

[34] 高澜，等. 大气激光准直在刘家峡大坝变形监测中的应用 [J]. 大坝与安全，2003 (2)：22-23.

[35] 高淑照. 灰色系统理论及在混凝土桥梁施工挠度变形监测中的应用[D]. 成都：西南交通大学，2002.

[36] 顾冬生，郭正兴，吴刚，等. 土木工程施工过程的光纤光栅监控技术[J]. 工业建筑，2006(1)：54-57.

[37] 郭健. 基于小波分析的结构损伤识别方法研究[D]. 杭州：浙江大学，2004.

[38] 郭宗莲，李娜，张新越. 杭州湾大桥观光塔结构智能监测系统方案研究[J]. 智能建筑，2008(8)：65-68.

[39] 过静珺，戴连君，卢云川. 虎门大桥 GPS(RTK)实时位移监测方法研究[J]. 测绘通报，2002(12)：46.

[40] 何金平，王龙. 大坝位移真空激光准直监测系统分析[J]. 仪器仪表学报，2006，27 (2)：1500-1502.

[41] 何习平. 全站仪中间法与水准测量的比较[J]. 水电自动化与大坝安全，2004，28(4).

[42] 何秀风，陈永奇，桑文刚，等. GFS 伪卫星组合定位方法及在变形监测中的应用[J]. 南京航空天大学学报，2007(12).

[43] 何秀风，华锡生，丁晓利，等. GPS 一机多天线变形监测系统[J]. 水电自动化与大坝监测，2006，26(3)：34-37.

[44] 何秀风，陈永奇，桑文刚. 伪卫星增强 GPS 方法在变形监测中的应用研究[J]. 测绘学报，2006，35(4)：315-320.

[45] 何秀风，桑文刚，杨光. 伪卫星增强 GPS 精密定位新方法[J]. 东南大学学报，2005，35(3)：460-464.

[46] 何秀风. 变形监测新方法及其应用[M]. 北京：科学出版社，2007.

[47] 段向胜，周锡元. 土木工程监测与健康诊断：原理、方法及工程实例[M]. 北京：中国建筑工业出版社，2010.

[48] 汤凯，刘济科. 考虑不确定因素的结构损伤定位方法[J]. 固体力学学报，2007，28 (2)：189-194.

[49] 任伟新，韩建刚，孙增寿. 小波分析在土木工程结构中的应用[M]. 北京：中国铁道出版社，2006.

[50] 彭玉华. 小波变换与工程应用[M]. 北京：科学出版社，2002.

[51] 李宏男，孙鸿敏. 小波分析在土木工程领域中的应用[J]. 世界地震工程，2003，19

(2)：16-22.

[52] 袁慎芳，陶宝祺，朱晓荣，等. 应用小波分析及主动监测技术的复合材料损伤监测[J]. 材料工程，2001，(2)：43-46.

[53] 吴耀军，陶宝祺. 基于小波神经网络的复合材料损伤诊断[J]. 航空学报，1997，18(2)：252-256.

[54] 张红英，吴斌. 小波神经网络的研究及其展望[J]. 西南工学院学报，2002，17(1)：8-10.

[55] 姜绍飞. 结构健康监测导论[M]. 北京：科学出版社，2013.

[56] 张启伟. 大型桥梁健康监测概念与监测系统设计[J]. 同济大学学报，2001，29(1)：65-69.

[57] 熊海贝. 金茂大厦结构健康监测方案[D]. 上海：同济大学，2007.

[58] 卢连连. 基于灰色理论的在役桥梁剩余使用寿命预测及改建方案评价[D]. 重庆：重庆交通大学，2008.

[59] 路鹤. 大型体育场馆钢结构工程健康监测数据采集系统的开发与应用[D]. 济南：山东建筑大学，2009.

[60] 罗旭，胡晓民，高学斌. 灰色理论在沉降监测信息系统中的应用[J]. 工业建筑，2006，36：662-664，669.

[61] 马高，屈文忠，陈明祥. 基于时间序列的结构损伤在线诊断[J]. 武汉大学学报，2008，41(1)：81-85.

[62] 马良埕. 应变电测与传感技术[M]. 北京：中国计量出版社，1993.

[63] 孟庆丰. 信号特征提取方法与应用研究[D]. 西安：西安电子科技大学，2006.

[64] 苗保民. 桥梁实时在线监测系统设计[D]. 西安：长安大学，2008.

[65] 欧进萍，何林，肖仪清. 基于ARMA模型和自由振动提取技术的海洋平台结构参数识别[J]. 应用数学和力学，2003，24(4)：398-404.

[66] 潘妍. 结构健康监测的数据采集系统研究与实现[D]. 成都：西南交通大学，2008.

[67] 裴强. 结构健康诊断新方法研究[D]. 哈尔滨：中国地震局工程力学研究所，2005.

[68] 齐立群. 桥梁结构健康监测的无线传感技术研究[D]. 哈尔滨：哈尔滨工业大学，2007.

[69] 闫桂荣，段忠东，欧进萍. 基于结构振动信息的损伤识别研究综述[J]. 地震工程与工程振动，2004，27(3)：95-103.

[70] 孙小猛. 基于模态观测的结构健康监测的传感器优化布置方法研究[D]. 大连：大连理工大学，2009.

[71] 田裕鹏，姚恩涛，李开宇. 传感器原理[M]. 3版. 北京：科学出版社，2007.

[72] 王柏生，倪一清，高赞明. 青马大桥桥板结构损伤位置识别的数值模拟[J]. 土木工程学报，2001，24(3)：67-73.